笑对人生

【美】道格拉斯·范朋克　著
（Douglas Fairbanks）
李丛梅　译

Laugh and
Live

山东人民出版社

全国百佳图书出版单位　一级出版社

图书在版编目（CIP）数据

笑对人生／（美）范朋克著；李丛梅译．—济南：山东人民出版社，2013.7（2023.4重印）
ISBN 978-7-209-07308-0

Ⅰ．①笑… Ⅱ．①范… ②李… Ⅲ．①人生哲学－通俗读物 Ⅳ．①B821-49

中国版本图书馆CIP数据核字（2013）第169711号

责任编辑：刘　晨
封面设计：Lily studio

笑对人生

（美）道格拉斯·范朋克 著　　李丛梅 译

主管部门　山东出版传媒股份有限公司
出版发行　山东人民出版社
社　　址　济南市舜耕路517号
邮　　编　250003
电　　话　总编室（0531）82098914
　　　　　市场部（0531）82098027
网　　址　http://www.sd-book.com.cn
印　　装　三河市华东印刷有限公司
经　　销　新华书店

规　　格　32开（145mm×210mm）
印　　张　5.5
字　　数　47千字
版　　次　2013年9月第1版
印　　次　2023年4月第2次
ISBN 978-7-209-07308-0
定　　价　42.00元
　　　　　如有印装质量问题，请与出版社总编室联系调换。

目 录
Contents

目　录
Contents

目　录
Contents

目 录
Contents

第一章
"吹着口哨生活"

在这个美好的世界上，谁努力寻找幸福，幸福就会降临到谁的身边。只有学会微笑才能得到幸福，我们身边的每个人，包括你、我和所有人，都有资格获得幸福。从本质上来说，幸福是人的心态，而不是身体状态。因此，心态决定幸福。在我们踩到了香蕉皮时，还能将远处的风景尽收眼底，依然保持愉快、舒适和宁静的心情：倘若我们能做到这些，并且还能面带微笑，则表明我们拥有了良好的心态，幸福也就离我们不远了。

可是，我们怎样才能做到这些呢？朋友们，让我来告诉你们吧。对我所说的话，您毋庸置疑，因为，这就是我写这本书的目的。在此，我还要感谢我的朋友，感谢他们热情款待了

为我提供写作素材的人。在电影里，我所能做的就是扮演好、塑造好我的角色，博得观众一笑。观众也能推测出我在剧中所要表达的主题思想。但是，在电影之外，我也可以用笔描写出那些无法用特写镜头描述的"无声戏剧"。

首先我要问大家一个"愚蠢"的问题：你笑过吗？你曾经笑出声过吗？

我所指的笑，是发自肺腑、情不自禁的笑，源于自发的惯性动作。如果你没有这么酣畅淋漓地大声笑过，那么我劝你马上行动起来，即刻开怀大笑。倘若我们能够笑着开始每一天，我们就不用担心这一天是否是寂寞无聊的。对我个人而言，我喜欢笑，因为它是生活中的营养品，不可或缺。在日常生活中，笑始终围绕着我，让我感觉心情愉快、精神饱满。

笑是生理需要，有益于神经系统的健康运转。因为，深沉、有力的胸部运动会加速血液流动，促进血液循环，这对健康是大有裨益的。也许，你没有想到，甚至根本没有意识到，笑可以增加血液的含氧量，使其保持鲜红色。不仅如此，笑还能缓解大脑的紧张状态。

从某种程度上说，笑是一种习惯。对有些人来说，笑的

习惯只有通过练习才能获得。那么，是什么原因阻碍人们发出爽朗的笑声呢？答案也是各种各样的。但是，我知道，如果你想到过死，那么笑能让你延年益寿；如果你染上疾病心情沮丧，那么笑能让你一扫阴霾；如果你身体羸弱，那么笑能让你心宽体胖；如果你郁郁寡欢，感觉厄运连连，那么笑能让你柳暗花明。俗话说"无欲则刚"，只要你没有欲望，笑出来，你就能所向披靡、无往不胜，甚至连死神对你也无能为力。我们常看到那些"笑对人生"的人，显得无所畏惧，那是因为他们内心干净透明。

正所谓"笑一笑十年少"，在任何情况下，笑的魔力都能让人感觉到幸福。我不得不承认，笑能让人欢呼雀跃，具有无比的魅力，让人无法抗拒。但是，如果心烦意乱，没有值得笑的事情，这时应该做些什么来改变这种情况呢？笑意味着行动，只有行动才能驱散黑暗，消除烦躁和忧虑，排遣心中所有的消极情绪。然而，真正的笑，源自内心深处，就像涌动的喷泉，汩汩而出的水花就是行动和自发的完美结合。当行动和自发神奇地交织在一起的时候，就会展示出笑的精髓，这种精髓正是人们内心洒脱和奔放的情感！因此，我们所要做的事情，就是

保持开怀大笑，并长期不断地坚持下去。因为，只要我们自身拥有美好的品德，我们的笑就会源于真诚，不会伤害到他人。

在我们身边，许多人已经学会了微笑，但是还有一些人，在他们的脸上，始终没有一丝笑容。他们总是满面愁容、举止呆板、萎靡不振，每时每刻都在折磨自己。当一个人疲惫不堪、饥肠辘辘的时候，或许笑对于他来说，的确是一件奢侈品。那么，这个时候，就需要他拥有精神、精力来支持自己的行动。对他而言，如果没有乐观的心态，如果在困境面前自甘堕落，如果不能下定决心有所改观，那么，他就会陷入万丈深渊、不能自拔。因为，他的脸上长时间看不到丝毫的笑容，他的内心燃烧不起希望之火，那么，他的健康势必要被自己悲观的心态一点点吞噬掉。那么，遇到这样的情况，我们怎样才能获得好的心情，借以改观我们的现状呢？我深刻地体会到一点，就是通过体育锻炼，保持自我的身心健康，加快血液循环，从而克服懒惰，摆脱自我封闭，获得积极、健康的人生态度。

虽然体育锻炼对于人类本身来说尤为重要，但是大家大可不必小题大做。我建议大家经常到户外走走，呼吸一些新

鲜空气。在我们快步行走的同时，笑一笑。当然，也不用做得太过分，无需紧张，只要时刻保持轻松的心态即可。每天坚持晨练，晚上再坚持锻炼一下，循序渐进，就能有所收获。

锻炼也是有章可循的，前提是我们必须要有健康的理念。跑到乡间小路上，或者跨越山间的沟沟坎坎，接着跑、快跑、奋力地跑，直到筋疲力尽，一头栽倒在草地上，然后笑，大笑，纵声长笑。因为，你行走在幸福的路上，笑会让你感到身心轻松。现在，就去试试，马上就动身。如果你在读这些句子的时候已经华灯初上，那么请放下书，围着小区跑上几圈。回来之后，你就会觉得情绪饱满、精神振奋。一旦热血沸腾，你就会考虑采用其他手段让自己的身体更加健康。所以，锻炼有助于身心健康，有助于提升幸福感。

如果你从来没有真正地做一次锻炼，那么对锻炼就不会有深刻的认识。运动简单易懂，极有利于身体健康，还和日常睡眠、第二天的工作紧密相连。甚至可以这样说，没有体育锻炼的人生，简直就是残缺的人生。锻炼吧！笑吧！充满活力的人，如果没有笑的习惯，那么现在就开始培养，千万别错过任何开怀大笑的机会。微笑总比表情呆板好，轻声笑出来也比悄

然无声好，酣畅淋漓的笑才最为有益。

如果你有勇气面对生活，那么现在就试一试！当你大笑之后，对比分析一下前后情绪的变化。一旦你养成了笑的习惯，哪怕只有短短一周的时间，你也会习惯充满欢声笑语的工作环境，从此，你会一直保持笑容。顺便说一下，读者朋友们，千万别惊慌，人称代词的"我"和"你"，在以后的章节中会用更合适的"我们"来代替。如果只是想与他人建立良好的人际关系，而享受称呼上短暂的亲密，那么我无法抗拒这样的诱惑。朋友们，请你们大声地嘲笑我吧。

第二章
审视自己

在生活中，很多时候，我们只能静静地等待事情的发生，但成功并不仅仅取决于运气。想要获得成功，经验的积累十分重要，因为经验是真正的老师。刀伤药虽好，但还是不破手为妙。因此，我们首先要考虑的就是尽可能地防止厄运的到来。人生旅程伊始，我们需要审视自己的身心状况，从而防止灾难的到来。每个人都有一个非常大的弱点，就是习惯于负荷前行，这样就需要我们尽早地审视自己，才能让我们知己长、补己短，防微杜渐，避免跌倒。

然而，我们始终摆脱不掉的一个心理障碍，就是恐惧。如果我们内心充满了恐惧，梦想就会随之幻灭。同样，如果我们内心充满了妒忌、恶意和贪婪，我们也会以失败告终，与成

功擦肩而过。因为，这些不良情绪就像恐怖的阴影，始终伴随在人类左右。在寻求个人利益最大化的过程中，我们应该敛心内视，避免负重过度。在人生旅程中，如果我们自身带有不良情绪，一旦失败了，我们就没有任何借口将责任归咎他人。其实，不良情绪常常袭击我们，这时就需要我们知道勇气、信任、荣誉常常就在身后的马鞍上，一旦我们跨上了马背，那些不良的情绪就会烟消云散。

　　在人生旅途中，恐惧迟早会到来。如果我们内心充满恐惧，在行动之前，就会发现自己已经被恐惧牢牢地困住。我们本可以走得更远，但如果我们像有些人那样骄奢淫逸、自我放纵，我们最终要为此付出沉重的代价。因此，在开始的时候，我们就应该把"不良情绪盈亏状况"记录下来，然后，把它们踢回到水沟里。这些不良情绪不是我们的同路人，不应该陪伴我们平静地走过人生旅途。趁着我们还年轻，身体健壮、精力充沛，我们应该想尽办法摆脱不良情绪的控制。否则，随着时间流逝，那些不良情绪会年复一年地侵蚀我们的心灵。如果真的到了那个时候，我们就真的无能为力，只能任由其随意摆布了。

伟大的剧作家莎士比亚曾说："如果和远逊于我们的人建立友谊，我们怎么做才能对自己真实呢？"物以类聚，人以群分。我们的一切品质都可以通过我们结交的人体现出来。因为，在通常情况下，人们会依据我们的朋友圈对我们进行分类。判断的过程不会持续很长的时间，好与坏也不会混淆太长的时间。于是，我们很快就会成为一种人（好人）或者另一种人（坏人），不可能同时成为两种人（既是好人又是坏人）。

多年前，在我祖父的那个年代，曾经有一段时期，当人们"出逃活命"而"满载而归"的时候，人们评判自己成功与否的依据，就是积攒金钱的多寡。当然，这些是在"审计"发明之前的事了。但是，时至今日，情况不同了，问题也变化了，取而代之的是"你到过哪里？""你为什么要离开呢？""你的证书呢？"看着人们疲倦地摇头走开，我们或许天真地以为自己"了解"了情况，但事实却并非如此。对自己真实，才不会对他人虚伪，就像黑夜一定会和白昼交替一样。如果我们分析自己，就会发现自己正实践着上述格言。

同时可以这样说，我们不能用美元衡量成功，也不该仅仅以财富多少为依据来衡量成功。我想，所谓衡量成功的标

准，首先是要拥有健康的身体和美好的心灵。拥有了这两件武器，我们就可以展望梦想。然后，我们需要做的就是愉快地规划人生，朝着目标出发。同时，跟随目标而来的一定是充满信心的勇气，它让我们觉得梦想至关重要。有了梦想，我们一定会获得成功。

与此同时，人们常常会发现，当我们有一个宏大的理想，并坚持不懈地将其付诸实践的时候，总有些人会立即站起来说："这事我早就想过了！"我想，我们大多数人都有同样的经历：在我们读过一本伟大的著作后，发现自己被欺骗了。因为它根本不值得一读。但是，我们不可否认，提出这个观点的人被誉为天才，因为他在正确的时间做了正确的事情。

天才与常人迥然不同。虽然每个人都有雄心壮志，但只有少数人能实现自己的志向。当一个人在幻想的时候会说："如果我现在有钱，我就把它花光。"在这里，"假如"一词的使用，恰恰表明他缺乏勇气。如果一个人性格健全、计划周密，他就能轻松地掌管金钱，并且随时都能办到。如果他拥有勇气，就具备了让资本招手即来的素质。如果失败，那么失败的原因肯定是他内心的怯懦。良好初衷没有得到任何回报，因

为他缺少勇气，这是致命的性格缺陷。因此，还是回到前文提到的建议上，我们要想成功，必须做到身体健康、头脑灵活、目的单纯并摆脱恐惧的骚扰。为了取得成功，我们总是假想出一些情景，并且默认其可行，结果可能由于疏忽而导致全盘皆输。这时，我们必须找出原因。是因为马虎摔倒在路边呢，还是被怯懦的"如果"吓倒了，抑或是我们缺乏成功的基础？

事实上，由于我们缺乏坚定做事的勇气，我们才会失败。人生是个伟大的历程。如果你的身体健康，那些失败的人就会把失败的原因归咎为精神的欠缺。如果我们能笑着生活，那么失望接踵而来又有什么关系呢？在某种程度上来讲，失败一定会来到我们身旁，但你如果足够聪明，认识到健康的身体、健全的头脑、开朗的精神有助于成功，我们就能从失败的废墟上爬起来，并反败为胜。正如丁尼生所说："人们沿着他们自己的尸体铺成的石阶，可以上升到更高处。"

真正伟大的人是健康的，否则，他们将缺乏伟大的标志。监狱满是紧张不安、疾病缠身的犯人。如果他们能考虑到那些受害者的损失，及时意识到事情的严重性，那么他们可能就不

会犯罪，也可以挽救自己。但是毫无疑问，他们当中的大多数人因为无知跌进了犯罪的谷底。

因此，毋庸置疑，生命的第一要旨就是健康。对于人类而言，拥有健康的身体，才有取得成功的资本，才有实现"一切皆有可能"的本钱。但是，如果我们不注意保持身体健康，健康就会被挥霍掉。如果我们对健康漠不关心，健康将会消失。如果说还有机会挽回我们的健康，那就是笑看生活。笑声和健康息息相关，就像钢针和磁铁能够相互吸引一样。笑声是一个清新游荡的精灵，如喷泉嬉水，总是令人耳目一新，处处洋溢着愉悦和甜美。同时，我们还要审视自己，记住恐惧在失败的剧本中扮演的重要角色。因此我们首先应该摆脱恐惧。如果我们在恐惧战胜我们之前将其制服，就能很容易地改正恐惧的心理。虽然恐惧总是与失败相伴而行，但是，如果我们有足够的勇气去面对它，那么所有的事情都可以迎刃而解。

我认为，我们应该养成良好的习惯，经常阅读励志书籍，翻阅鼓舞人的图画，聆听催人向上的音乐，结交志同道合的朋友。最重要的是，我们应该培养一种习惯：干净想事、健康做事。喊出我们的口号："正确对待自己！"经常审视自己，看

清自己所处的位置，这样我们就不会畏惧自己的缺点，而正视这些问题，把握好自己。阅读一本好书或剧本，会扩大我们的知识面，给予我们有益的帮助；从事某种形式的体育运动，能拓宽我们的思路；自我分析会让我们更好地看清自己，使自己不被过度乐观的情绪所迷惑。可见，经常审视自己，就是成功最好的方法。在黑暗的道路上摸索前进，虽然我们举步维艰，但"审视自己"就如矗立在黑暗中的一座灯塔，为我们指明一条阳光大道，使我们能披荆斩棘、重见光明。

第三章

尽早培养自信

年轻人具备各种优良的素质和潜能，这使得他们能够获得成功。既然如此，年轻的时候，我们为什么不储备一项持久的能力，从而保证在今后的人生中能够顺利地达成愿望呢？事实上，我们的命运完全取决于年轻时如何开发自己的潜能。

在现实生活中，无论在身体上、心理上还是在精神上，经验和知识地获得体现出的是我们个人成长的历程。其实，对我们所有人而言，只要我们能做到以下几点，我们就能获得成功。首先，要保持身体健康，这一点的重要性，在前面我们已经说过了，这里就不再赘述。其次就是要有自信，一个没有信心的人，他的事业也将会是短暂的，如昙花一现。然而，只有

我们每个人都熟稔自己的内心，能时不时停下来揣摩一下思想中"被遗忘的角落"，用敏锐的眼光去审视自己，才能做到具有信心，不自欺欺人。

事实上，大多数的失败都源于缺乏自信。一旦我们开始怀疑自己或发现性格的瑕疵，我们就开始走下坡路。虽然这是一个微妙的过程，但是，年轻时的我们却很难意识到这个问题的严重性。随着时间的流逝，当决定我们命运的日子无情地逼近时，我们就像在海中漂浮的随波逐流的圆木一样，被卷到孤独的海滩上，郁郁而终。然而，这一切的罪魁祸首就是我们缺乏自信。但往往当我们意识到这一点的时候，已经为时过晚。人们的晚年生活之所以会在麻烦中度过，大部分原因是因为在年轻时没有好好地认识自己、审视自己，而只是一味地放纵自我，无法认清自己想要的是什么，也就谈不上成功了。

如果我们能对自己友好一点，更加轻松、更为自信地为解决某个问题而深思熟虑，这样也许在我们散步的时候，我们就能想到一条合适的途径去解决那些长时间困扰我们的问题。这个过程会是一段美好的时光。当我们乐观积极地做事，认为

困境就像儿童嬉笑、鸟儿唱歌一样自然，那在我们眼里，世界会是五彩斑斓的，成功就在路的转角处，失败也会像虚幻的乌托邦一样消失得无影无踪。

自信的人们总是会受到大家的欢迎。人们不仅会无怨无悔地信任他们，而且还会向他们提供资助，在他们力所能及的范围内通过各种各样的方式尽可能地帮助他们。我们可以得出这样一个结论：微笑的人总会赢得世界，因为他们拥有自信。只要我们内心充满美好的希望和热情，我们就不会失败。但在现实生活中，有些人却是天生悲观、沉默寡言的。他们的生活圈子狭窄，生活单调乏味，这样的人只能活在自己的世界里，很少能成就大事。

我们必须满怀希望去追寻自己的梦想。趁着我们还年轻、还能享受生活的美好。让我们尽早地开始培养自信心，消除我们内心的怯懦。虽然快乐的日子多晚到来都不算晚，但我们还是应吸取之前所有的警告、教训，扬长避短，沉着、冷静、准确地走好生命中的每一步。好的开始是成功的一半，一旦拥有了良好的开端，我们就要努力保持住这个好的势头，不停地审视自己，让自身保持良好的状态。

如果我们选择热爱我们所从事的工作并坚持努力工作，这证明我们是很明智的，但与此同时，我们不能忘记我们所要承担的家庭职责，不要忘记与家人分享我们成功的喜悦。如果为了生意上的成功而疏远温暖的家庭，那就意味着我们随时都面临着失去一切的风险。热爱家庭、关爱家人，是全世界成功者都应该具备的优良品质。如果失去了灵魂，失去了家庭，失去了始终关爱我们的家人，那么赢得了世界又有什么意义？总而言之，一旦我们下定决心去赢得胜利，并且有了自己明确的前进方向，那我们就要立刻行动起来。拥有健康的身体，满满的自信，热爱我们的工作，关心我们的家人……当一切都准备妥当时，我们将满怀征服者的勇气开始人生的旅程，从而踏上成功之路。

所以，拥有自信心，微笑着去看这个世界对我们来说很重要。当我们了解了身边那些成功之人，研究过他们的成功经验后，我们将会获益良多。我们会看到，如果他们的性格是阴郁、孤僻、易怒的，或者在他们的性格中或多或少有一点这样的特点，那么他们就不能够算是成功之人。反过来，如果这些人是乐观、豁达的，那就意味着他们拥有自信，他们的内心很

强大，这样的人即使身陷困境，也能找寻到令自身开怀大笑的契机。当他人觉得举步维艰、进退两难时，这些家伙能走过去，打开局面并控制形势。在接受采访时，失败者总是会以他们没有足够的信心为同样的借口。他们所使用的词语可能不同，但内容都大同小异。那些失败者都经历过自我怀疑的全过程，这是他们审视自己太晚导致的必然结果。尽量早地审视自己能完善我们的个人能力，加快成功的步伐。当我们明白这一点时，就能理解那些失败者的难看和窘迫了。

经常回过头来审视自己，看看我们之前走过的路，我们会变得愈发坚强，因为这样做可以摒弃我们曾经的弱点，让我们改"邪"归正。实际上，我们所掌握的很多知识和技巧，都有助于战胜胆怯，这种能力是我们与生俱来的，只要在特定的、急需的时候，这种能力才能被激发出来，从而变为行动，派上用场。也许，我们无法想象，在不了解自己乐器状况的情况下，一位伟大的小提琴演奏家如何登台演出。然而，有一点可以肯定的是，如果这位小提琴家不熟稔自己的优、劣势却依旧希冀成功，那么失败就会登上他的人生舞台。如果想要成功，我们必须牢记要摒弃所有有关失败的想法，这样，成功就

会自然而然到来。但无论怎么说，能否成功在很大程度上还是取决于我们的心态，只要我们始终怀揣梦想、渴望成功，我们就有取得成功的可能。放弃毫无用处的自我贬低吧！它就好比一种疾病，一旦被它控制，我们就会离成功越来越远，梦想也会随其逃之夭夭。

让我们尽早地培养自信，做到在年轻时就能够控制我们人生的发展方向。跟他人相比，我们的优越之处正在于我们身心状态的健康。只有健康的心态，才能孕育出健康的身体。

俗话说："一美遮百丑。"外表是内心的外在表现，能够展示出我们的精神面貌。所以，在大部分情况下，人们都以貌取人，在没有深入地了解身边人的特点时，就凭借第一印象形成自己的观点。在日常生活中，我们不会与那些愁容不展、紧锁眉头走进办公室的人成为至交，而当我们透过他低垂的肩膀，看到另一个步履轻盈、精神振奋、信心百倍的人时，我们在内心深处就早已接受了这个人。年轻时的自信有助于日后的成功，但这却并不意味着在今后的人生道路中我们可以轻松地得到我们想要的，我们还要加倍地努力。年轻时的自信只是意味着我们有能力整合自己、控制自己，并有能力让他人认同自

己，有自我归属感和成就感。

如果想实现以上目标，最为快捷的方法之一，就是微笑。始终把微笑挂在脸上可以为我们营造融洽的人际关系、和谐的社交氛围。我们不要只有在当着他人的面的时候才展示微笑。那是虚伪的。真正的微笑，或者开怀大笑，都是不能伪装出来的。人们也很容易辨别笑的真伪。真正的笑是发自内心的，是自信和健康的体现。当我们面临困境时，请放声大笑，让笑声帮我们渡过难关，取得胜利。

无论什么时候，只要我们发现自己不再微笑，那就让我们把手头的工作停一停，清理一下思路，看看是哪里出了问题。培养笑的习惯吧！如果我们忙于思考而忽视了身体健康的重要性，那就让我们放下那些深奥的思想，走出家门到户外锻炼吧！沿着大街跑跑步，或者做些其他的事情，放松一下心情。如果我们看到一棵树，并且想爬上去，那么就行动吧。我们不需要理会邻居们冷嘲热讽的话语。我们要做的只是站起来，快乐地蹦蹦跳跳就可以了。当邻居们明白体育运动的价值时，他们就会收起曾经的嘲笑，转而嫉妒我们健康的生活习惯。如果你不相信，那就让我们拭目以待吧！

第四章

汲取经验

第四章
汲取经验

实践是我们获取经验的不二法门。人们通过不断的实践获得经验，没有亲身经历就无法获得真正的经验。只要我们不停地做事，经验就会接踵而来，并迅速地融入到我们的生活中。有些经验是生涩难懂的，有些却简单明了，还有一些特别复杂，难以理解。人也有两类，一种人不停地汲取经验，另外一种人却与之相反，他们从不认为经验是有用的。然而，不幸的是，后者往往占大多数。精力充沛、体格健壮、知识丰富的人凭借经验看事物，就如同透过窗户看东西一样清楚，即使玻璃上有雾气，他也能明白窗外有什么。而心理不健康、效率低下、性格懦弱的人却只能站在一旁，把机会让给别人。随着时间的流逝，多年以后，他们却满怀怨恨地抱

怨自己没有得到同样的机会，这不是很可笑的吗。

有经验的人在面对困境时，所采取的解决方法，常常令那些只会抱怨的人汗颜、颤抖。当他们身陷困境时，他们会通过缜密的思考，通过自我分析学会如何克服困难。因为他们知道，每条路都有一个转折点，眼前可能暂时看不到这个转折点，也不知道这个转折点到底在什么地方，但是他们并不灰心，而是以坚定的信念，背起包裹，蹒跚前行，因为他们始终相信胜利就在前面不远处。这样的人非常自信，迥异于普通人。令我们惊奇的是，许多伟人对他们为什么会取得成功感到困惑不解，如果让他们一一列出成功的原因，他们也无法办到。我认为，他们成功的原因是他们从来不害怕经验，他们在无意识中取得经验，而不是有意为之。那些伟人普遍承认，汲取经验让他们拥有了前进中的独创意识，只要环顾一下周围，他们就能很快捕捉到机会。

年轻人的人生刚刚起步，往往由于缺乏经验，对未来忧心忡忡。他们景仰伟人，他们阅读大量的书籍，钻研成功人士自我奋斗的历程，以希冀从中获得成功的经验。当然，他们还希望能够遇到成功人士，直接聆听他们成功的秘籍。但我

却认为，与成功人士的面谈完全没有必要。"努力实践并汲取经验"，这是成功人士对追随者的全部建议。只有我们亲身去做、亲身去经历，直到拥有了足够的经验时，我们才能从中获利。除此以外，别无他法可循。实践得愈多，经验来得就愈快，我们汲取的经验也就越多。要取得成功，唯有坚持不懈地努力。

委托他人去做，自己不亲力而为，往往是失败的根本原因。与凭借运气或接受巨额财产得到的成功相比，亲自去做而取得的成功，其价值更弥足珍贵、经久长远。我们的自信并非来自于外部世界，而是源于我们的内心。在树立信心的过程中，健康的身体和理智的头脑都至关重要。在同他人竞争时，年轻人如果知晓这些事实，并以此为契机规划他们的职业生涯，那么，他们的起点就比其他人更高一些，也更具有优势。有些人不了解经验的价值，导致他们一直处在贫困和失败的境地。担心、焦虑、恐惧以及缺乏对人性的洞察力，这些都是经验匮乏所引发的恶果。同时，健康的身体是获得经验的必要素质，可惜的是大多数人都忽略了这一点。

如果我们能受益于所学的知识，将身体内蕴藏的活力激

发出来，我们就在迈向成功的道路上踏下了坚实的一步。以往累积的经验告诉我们应该做什么，为我们铺平道路，让我们轻装前进。人的大脑具有无限的潜能，而唯有经验能在行动中催生这种潜能。我们常常听到那些慈爱的母亲说："这小家伙活力十足、精力旺盛。"但是，只有有经验的人，才能发现精力充沛的好处。如果没有经验，旺盛的精力就变成了危险的东西，这就好比一枚活生生的"定时炸弹"，随时会危及我们的生命。我们应该给予这些没有经验的年轻人谨慎地保护，并建议他们忙碌起来，早点做些有意义的事情。

许多聪明并且精力充沛的人，就因为被所从事的职业困住了手脚，无法施展自身的活力，而像待宰的羔羊一样被卷入恶习的洪流中。一旦在工作中找不到发泄的渠道，他们只能在酒吧里喝得酩酊大醉。与之相反，精力充沛的人可以做任何事情，接受各种训练，从一开始就接受指导，并且能够一直坚持下去。因此，这种人可以承担更多的工作，能轻松地完成任务。这一说法听上去似乎很牵强，但如果我们认为他们能行，那么他们就一定能够办到。毕竟只有面对现实并及时汲取经验教训的人，才能把握机会。在分析挫折并探究原因后，他们的能力就能够

成倍增长，显著提高。如果年轻人善于总结经验，那么他们将会像年长者那样睿智，为人生积累大量财富。人生中遇到的重大经验，往往是那些成就我们或暂时毁掉我们的经验。对于那些重要的人生经验，我们要谨慎地对待。虽然我们可以优雅地承受打击与挫折，但意志一定要坚强，要勇于面对困境。挫折只是暂时的，并不意味着那将是我们最后的机会，而且永远都不是！

当历经挫折从头再来之时，我们等待的时间将非常短暂。我们要调整好心态，有条不紊地走下去，因为汲取的经验教训不允许我们步伐错乱。如果结果一塌糊涂，我们应该承担起责任，重新投入到工作当中。即使事情不尽如人意，只要我们付出过，就一定会有所收获。受挫只是暂时的，最终我们将取得胜利。这正是我所想说的通过汲取经验教训来走向成功的真正涵义。

从哪里跌倒就从哪里爬起来。汽车修理工充分地利用电流为人类造福，与此同时，他们也会因为不小心触电而导致悲剧发生。他们经过多年的认真学习，对于电的运用原理非常熟悉，就像使用 A、B、C 一样运用自如。毋庸置疑，他们是通过经验学习到了获得成功的元素。他们进入汽车修理店，从公

司底层往上爬，在这一过程中，除了经验，没有其他途径能让他把这股力量转变成为一个训练有素的能力。但是，对普通人来说，他们对电力的了解非常少，因为他们没有经验。对电力知识的无知，常常会发生一些令人扼腕的悲剧。唯一能改变这一悲剧的方法，就是汲取经验。当经验足够时，如果有胆量、理性和做事的意愿，那么他就能一步一步向目标靠近。

第五章

活力、成功和微笑

成功需要具备很多因素，其中有一项至关重要，如果缺少了它，所有的一切就没有任何意义。成功者总是激励自己完成工作，尽他们的能力完成任务。虽然他们可能不知道这份任务到底是什么，但他们知道只要自己坚持做下去，就能完成在别人看来完全不可能的事情。这种信念一旦树立起来就是坚不可摧，不可战胜的。这就是我们常说的精力，也就是心灵的活力，它决定着我们的身体状况。

但是，这一切又从何而来呢？伟人是如何找到自我鞭策、催人奋进的方法的呢？答案就是他们拥有与生俱来的健康身体。关注自己的身体会坚定奋斗的信念。如果您仔细阅读过前面的章节，就很容易理解这一点。成功的青年，必须体格健

壮，健康，并有着纯洁的心灵。

在激烈竞争的世界里，应该怎样通过奋斗来夺取成功呢？很多人对这个问题不知道该如何回答。幸好，现在人们已经开始意识到这个问题的重要性，知道这是我们必须要面对和解决的问题。一个健康的身体总是精力充沛、活力十足的，然而，和其他任何生命力一样，这种活力也必须被引导，必须得到控制。充沛的精力不仅是人们取得胜利不可或缺的积极条件，还会内化为人的内在素质。如果不珍惜，它也会随着时光一并流逝。有的人常年不锻炼身体，只想一夜间变得健壮，这简直是天方夜谭，最终只会让他精疲力竭。所有人都拥有活力，只是拥有的方式不同。命运就掌握在我们自己手中，对于大自然赋予我们的这一珍宝，我们要爱护它、用好它，而不是任其随意消逝。

每个人都有活力，可为什么只有少数人成功了呢？从某种意义上讲，每个人都具备成为成功者的潜质，但这并不意味着我们都会走向成功。我们不禁会想，为什么会有人成功，有人失败呢？这句话并不是想说每个人都渴望金钱、权力和地位，也并不意味着我们都是自私自利的。相反，每个人都具备

成功者的潜质只是证明我们的大脑如出一辙，毫无差异。但是要取得成功，我们还必须具备足够的活力。

正确做事，其本身就能促进我们事业上的成功。现在，如果我们没有过度偏离正确的轨道，那么让我们在结束内心的混乱和斗争之后，剖析自我，承认活力的存在，并珍视它们吧。活力就像蒸汽，在达到沸点之前，无法释放出能量，换句话说，三心二意的人永远不会拥有活力，也不会用其解决生活中的实际问题。

我们必须要充满活力，以期获得更多精力。与此同时，我们也必须拥有信心。信心越足，人就越快乐；自信越多，活力就越多。有人天生就充满信心，在失败到来之前就能"审视自己"，充分领会生命的真谛。当然，这样的人是十分幸运的。他们获得成功易如反掌，就像每天翻阅日历一样简单容易。哪怕危机四伏、乌云密布，失败像飓风一样席卷而来，他们也会信心百倍、情绪高昂、内心平静、不惧挫折，微笑着、从容地应对一切，踏实地工作。

这些并不意味着成功需要具备特殊的能力，如果果真如此，每个人都认为自己不具备成功者的潜质，那我们就没有必

要浪费时间讨论这个问题了。利用自身活力丰富自我的生活，是一件非常简单的事情，无论弱者，还是强者，他们都具备这个素质。只有当我们全心投入到工作中，活力才能愈加旺盛。在日常生活中，我们要常与大自然零距离接触，到野外宿营，参加体育锻炼，健康自信地生活，这样能使得我们心情愉悦，从而加速成功的步伐。这些都是明智的生活方式。

生活中的一切要素都类似于人类的情感，我们不应该刚愎自用、唯我独尊。可能会有人问，这与活力有什么关系？事实上，活力能够让我们展望未来，学会如何笑看人生。如果不会微笑，我们将永远学不会如何生活。活力可以有很多用途。如上文所说，电可能被滥用，同样，活力也可能被误用。因此，我们要利用一切机会激发活力，激情工作，热情待客，开心生活。与此同时，投身生活的战役，饯行自己的标准。

我们必须要主动出击，积极乐观地生活，而不是尾随他人。让我们尽情地挥洒热情，到那时，你会惊诧于生命力的顽强，强烈的需求将会迸发更多的活力，而活力又会引发更大的热情。现在的问题是，我们要如何控制及保持新鲜的活力？身体里孕育着激情，就像在操控一台蒸汽机一样，我们需要小心

地保持火焰与温度的参数。我们如同工程师一样，时刻控制着油门，眼睛始终无所畏惧地凝视着前方，将一切掌控在我们自己的手中。

我们的头脑发达且富有理性，觉醒之火在我们内心深处熊熊燃烧，就像船上值夜的哨兵一样日日夜夜守候着我们。事实上，我们正行走在成功的路上！

当然，还有一点不能忽略，我们在年轻时就要开始培养和保护我们笑的能力。时刻微笑，会让我们充满热情和活力，令生活轻松畅快。经常开怀大笑，会让我们更加热爱生活。

时常出去透透气，到大自然中呼吸一下新鲜空气，像学校里的男孩们一样运动，跑步、跳跃、跨越栏杆、摇摆身体。如果你觉得这个观点是正确的，并勇于接受，那么你的人生会因此而变得轻松、愉悦。让我们从心灵深处挖掘、培养这个习惯，并让微笑成为你的第二天性。早上起床时，让我们哈哈大笑地开始一天的生活；晚上睡觉时，让我们微笑着进入梦乡。如果你想身体健康，那就请笑吧，笑着面对一切，笑着生活。朋友们，我确定你一定能行的，因为这是获得幸福生活、走向成功的真正秘密！如果像一个虔诚的信徒信奉自己的信仰那样

去遵循这个原则，我们就会惊奇地发现我们的人生是那么的美满，生活是那么的美好。大笑吧！在乐观的精神面前，一切困难、挫折都会被折服。

第六章

确立个性

随着社会的发展，个性已成为个人越来越重要的素质和能力。早些年，"个性"这个概念并没有像现在这么重要，其涵义也没有现在这么丰富。在父辈的那个时代，人们用很多词语来形容这个品质，比如"雄辩者""大人物""杰出的人""绅士行为"等等。直到我们这个年代，这个品质才有了更为合适的概括，那就是个性。其含义是个人素质、性格、特征以及行为等因素的最佳组合，这是最宽泛意义上的定义。当然，每个人都有一定的个性特征。无论一个人的品质如何，个性都是最有价值的体现。

个性就好比一粒种子，如果条件允许，它会长成一株参天巨树。个性是人们内心世界的外在表现。如果人们能克服

人性的弱点，以个性的力量影响他人，就会像润物无声的春雨一样，滋润人心。有个性的人，做人做事都会坚守一定的行为准则，他们会平静地面对生活中的风风雨雨。然而，有些人根本没有意识到个性的存在，但却奢望像那些成功的人一样具备这个品质，这简直就是痴人说梦。

每个人都应该有个性，不论这个人是身材矮小、体格羸弱，还是身材魁梧、身强身壮。伟大的拿破仑身高不过 5 英尺，而林肯也只有 6 英尺，但他们都是他们那个时代的巨人。富有个性的人永远不会轻言失败，他们的意志坚定，他们的斗志旺盛，他们总是在想着不断地超越自己。通过下面这些轶事，我们可以看出伟人们精神力量的伟大：亚历山大教皇临终前依旧笔耕不辍；马克·吐温曾与朋友开玩笑说，只有在写作时，他才知道自己还活着；圣女贞德是一个身子单薄的女人，而她率领的军队却所向披靡。历史充满了无数传奇，伟大的将军会用个性的魅力，带领喧嚣的士兵转败为胜，扭转乾坤。个性具有无穷的魅力，它能够为你赢得朋友，即使是宿敌也会为之震撼。

个性是人们身体、心理和精神自我发展的结果。但是，

并非所有的个性都是健康的，内心龌龊的人的脸上，也能浮现出个性的影子。因此，并非所有的个性都是有益于社会的。在这里，我们所提及的个性是健康的、神圣的个性，是在市场上买不到的，是无价的。如果一个人内心没有真诚的信念支撑，那么他的个性是不完善的。个性由许多品质组成，但组成成分却因人而异。完美的个性在其发展过程中需要长期呵护，确保它的安全。

个性必须要一点一滴培养，我们的身体、心理、精神，我们所拥有的一切都是它的组成部分。事实上，个性只有经过人生的充分积淀才会完美。如果忽视身体的健康，那么心理也会失衡，精神上也会如此，个性就无从体现，这就是个性需要不断地被保护使其不受侵犯的原因。我们只有凭借坚强的意志和周密的计划，个性才能得以保全。一旦我们拥有它，我们就必须使之成为自身的一部分，拥有它直至生命的终点。我们绝不允许自己满足于不完美的个性，也不希望听到别人说"他是正确的，但很遗憾……"这样的话。

也许有问题的个性也是多种多样的，像有些人走路拖沓，或者行为举止傲慢无礼，这种病态个性都得摒弃。有个性的人

总是坦然和轻松的，绝不会因为别人的嘲讽而忧虑或紧张。有时候，一些人改变自己说话的方式，使自己看起来优于其他实力较弱的同事，但同时认为别人培养出的优秀品质是佯装而为的，这种所谓的个性是有问题的，是傲慢而不是个性。人们都可以通过艰苦的努力，培养自己的个性。如果他有雄心，并坚持不懈，一定能成功。林肯就是一个最典型的例子，他从一名普通的铁轨岔道工，成长为出色的领袖。对于这样的人，如果他们倒在路边，不会有人妄加评论，因为在早期奋斗的岁月中，这是经常发生的。

个性并不意味着过分精致的生活，但却需具备健全的品质。过度精致会导致生活懒散，甚至让人堕落。过分傲慢是堕落的开始，还有可能传染给他人。在这些品质中，我们必须取其精华去其糟粕，对于好的品质要保持下去，对于不好的品质我们要时刻保持警惕。同时，我们还要避免将严谨的理性原则变成枯燥的说教。我们需要的是沿着前进道路上的指示，寻找适合我们的个性目标。首先，我们需要健康的身体和坚强的意志；其次，我们必须把个性用在正确的方向上。

任何成功都需要保持平衡、愉悦的心情。我们决不能忽

视这一点，因为它有助于我们提高做事的效率。如果方法正确，做些简单的练习就会让我们获益匪浅，例如：俯身拾起掉在地上的针，用支架纠正变形的身体，抬起下巴来防止驼背等等。其实，我们每天都在接触各种环境，系统的运动会使一天的工作充满热情和活力，对身体的关注也会让我们更加健康并活力四射。个性精致的人决不会蓬头垢面地走在大街上，因为这样的事情会让他们感觉失衡。我们要保持健康的身体，多运动，充满活力，在个性发展的路上越走越远。

第七章

诚实——性格基石

众所周知，两点间最短的距离是直线。同样，在人际交往中，人与人之间最佳的沟通方式就是诚实。没有诚实，就没有彼此的理解。诚实作为人们的优秀品质之一，历来为人们所看重。没有诚实，性格就会变得虚无缥缈、肤浅苍白。对于性格的组成而言，诚实待人是必要的，就如同地基对房子一样重要。

诚实来自于内心深处，诚实源于勇敢地正视自己的缺点。它让审视自己、笑看人生的人享受历尽艰险后胜利的甜美。诚实和自尊相伴而生，因此，诚实应该成为我们早期教育的一部分。除了我们自身，没有任何环境可以培养诚实的性格，也不会有人将它拱手献给我们。如果在年轻时没有发现

它，那么日后拥有诚实这个品质的概率则少之又少，几乎
为零。

　　诚实位于品质的首位。除它之外，没有任何品质能够证
明我们有能力思考并公正地处理事情。拥有诚实比拥有其他财
富更重要，因为它带来的是幸福和满足。从完整意义上讲，活
着就意味着要诚实待人。只要我们活着，就可以告诉任何人这
个道理，并且这样做永远都不会错。

　　无论我们追求的道德境界有多高，我们都必须抵制诱惑，
没有任何妥协和商量的余地。自我欺骗只是糊弄自己，到头来
被愚弄的还是自己。不久，你就会发现自己已经滚落到山脚
下，想爬回原地是难上加难。诚实不会从沉闷、平庸的生活中
自然生长，正相反，它与积极、坚强的生活方式并行。

　　诚实会让人拥有挚友，这些人会因为他的诚实而原谅他
的其他缺点。诚实会为他赢得老板的完全信任，以及身边朋友
的钦佩。如果那些庸者和弱者也能做到诚实，那么诚实是伟人
特有的品质就毫无意义了。比如，我们知道，独立战争后，美
国选举总统时，美国人自发地将票投向华盛顿将军。因为华盛
顿将军是个天才，也可能是世界上最伟大的舰长之一。他有

一个令国民拥戴他的素质，那就是道德上的优势，"他从不撒谎"的标记世界周知。总而言之，他的美德成就了这五个字。一些政治家可能更精明，但华盛顿是诚实的，他从不撒谎。美国人知道他们可以信任这个人，因此他们选他当总统。因此，对自己诚实是我们首先要铭记在心的事情。

　　只有我们自己是诚实的，才能了解诚实之人在精神上是如何得到满足的。如果对自己都不真实，我们又怎能对他人真实？人的道德标准必须是诚实的标准。诚实必须成为人的本性，自发而为。诚实属于健康的人，他们通过适度运动和节制生活来保持健康。诚实也不是少数幸运儿特有的品质，在一定程度上，男人、女人和儿童都拥有它，只是对其重要性的认识各有不同罢了。诚实是生活的基本要素之一，是统治社会的强大力量之一。我们或者诚实，或者不诚实，不能介于两者之间。当人们停下来思考时，即使时间再短，诚实的重要性也能得到充分的展示。如果面对不诚实的朋友，我们能跟他全盘道出自己的秘密吗？能信任他吗？能相信一个随时可能背叛我们的人吗？再有，因为我们对自己不诚实，导致别人不拿我们当同伴，那能怪罪别人吗？从古至今莫不如此，欲先取之，必先予之。只有

你真诚地对待别人，别人才会对你以诚相待。

　　生活中，我们必须未雨绸缪。人们越来越习惯于多年传承下来的规矩。而如今这些规矩成了道德规定，控制和引导着整个民族、整个时代的命运和发展。这些规定的存在有其充分的理由，否则它绝不可能传承至今，因为社会不会保留那些不必要的规定。但在这些重要的原则中，诚实始终占据着显著位置。每个人都要对自己诚实，这个观念早已深深植根于人类的头脑中。相比之下，不诚实的人很自然地会对每一个人虚假，这一点也是显而易见的。如果社会成员之间没有互相信任，那么社会就难以进步。如果将军不信任下属，那将导致战场上的危机，同时将军的日子也会很难捱。如果明知某些人是不诚实的，还执意在他们当中挑选领导，那么社会将自行灭亡。

　　社会的崛起在于同胞们的相互信任、相互帮助。没有他们的合作，我们的努力将徒劳无益。在背离社会公认的标准和尺度的情况下，我们无法孤身赢得胜利。也许，我们会因为自己一时走运，就认为自己有了免疫力，从而欺骗自己。但是，总有一天，良知会告诉我们，曾经所取得的成功是多么的苍白

无力。唯有一个办法能让成功长久，那就是诚实和乐观。我们无需掩盖自己的美德，个人诚信是对自己和同胞的诚实。与他人相比，诚实的人鹤立鸡群，他们爽朗的笑声就是最好的表现之一。充满理想的人不会认为生活是暗淡无光的，同样，诚实的人会辛勤工作，不求回报。事实上，这个世界上有很多诚实的人与我们为伍，这足以带给我们足够的勇气，让我们在前进的路上奋勇向前。天生诚实的人常常会开怀大笑，因为他们不惧怕命运的陷阱。他们知道自己能赢得人们的信任，也知道自己已经拥有了人们的信任。这样的人从不惧怕正视同胞的眼睛，他们知道他们在生活中的位置是通过奋斗争取到的，他们也不打算失去这块阵地。他们从来不去想失败，无论眼下还是以后的事情会怎样发展，他们都会在上升的潮流中寻找到新的契机、新的机会，诚实的美名就像先行者一样在前面替他们打先锋，任何团体都欢迎他们的到来。

　　只有真实、真诚的人才有能力获得成功。从更广泛的意义上说，社会领袖是那些能够赢得大众信任的人。我们尊敬林肯，那是因为我们知道他是上百万人中唯一能完成人类所面临的最大任务的伟人。同时，我们也知道他是诚实的，在更大的

意义上说诚实对于成就伟大的理想是非常必要的。为了赢得信任，我们必须遵守诚实和礼貌的准则。这些准则平时潜伏在人们心中，只有呼唤到生活和行动中来时它们才能得到应用。

要想知道笑声是否是发自肺腑的，这非常容易。因为真正的笑发自于人的内心，带给人一种安全和信任的感觉。每天清晨，工友微笑着相约去工厂；士兵们满脸笑容，信心百倍地投入战斗；嗜睡的病人睁开双眼，笑声传遍整个病房……笑为人们开辟了一个从未企及的境界，它能够证明人们的精神状态良好，同时也表明只有诚信为本才能笑声不断。

如果只有内在诚实而没有外在表现，那么任何性格都将不复存在。养成笑的习惯，最终能使人变得诚实。事实上，当你笑的时候，你是在享受生活。因为笑能唤醒你的安全感，让你深切体会到生活的喜悦。与此相反的是，悲观的人总是倾向于犯罪，容易招惹麻烦。相比之下，爱笑的人能用新的欲望搅动世界，重新焕发出生命的活力。

第八章
身心洁净

环顾周围，有许多失败的人。从他们身上我们会发现，绝大多数失败者都是因为思想上的疏忽而没能走出恶劣的环境，或者是因为他们的雄心壮志已经退化变质，不能应付那些令人沮丧的情况。监狱和其他管教机构都挤满了人，这里面的人没有试图摆脱恶劣的居住环境的要求，否则，结果就不会是这样的。这些人就像未成年的小蝌蚪，因为没有腿而无法跳到岸上或离开，只能在泥泞的水池里游来游去，始终待在一成不变的环境里直到死去。

换句话说，失败就是一个人终日居住在泥泞的环境里，满足于自己是小蝌蚪，而不去尝试其他机会。同时，他会因此变得很邋遢。在这里，我们要提到我们这一章的主题——保持

身心洁净，这种说法并不是让我们用正确的方法洗脸或洗手，而是向自己证明，只有身体洁净，心灵才会洁净，二者相辅相成，组成健全洁净的人。我们在这方面向前迈出的任何一步，都会摆脱"池塘"生活的桎梏。

无论出于什么原因研究身心洁净，并用以解释成功，我们都不能忽视一个最重要的因素——如何选择朋友。但是，这并不意味着一个人必须成为势利眼，而只是说怀抱梦想的成功人士，不该与那些没有雄心壮志、没有服务意愿的人为伍。人生是短暂的，我们不应该到处闲逛，喝着小酒，听着他人对失败的抱怨，却嫉妒他人通过辛苦劳作所收获的丰盛果实。

结交朋友时，我们要保持头脑清醒，尽量远离那些整日里做白日梦却从不付出的人，警惕那些只会想着获取一己私利的人。我们应尽一切力量去赢得志同道合、身心洁净的朋友。我们必须牢记，生活在干净的思想里，将激励出自身的雄心壮志。住在阴暗角落，踏着废墟旅行是不会激发活力的，也不会带来任何希望。然而，这些活力和希望却是成就伟大事业的必备因素。

我们应该帮助那些需要帮助的人，与那些给予我们活力和勇气的人打交道。只有这样，我们才不会被同伴所拖累。但

是，一旦他们遇到合适的同行者，我们就不再被需要，那时我们应该全身而退，不要郁闷、悲观，因为这些充分说明，在这一刻他们还不能成为我们真正的朋友。当我们已经成功时，他们会不请自来。曾经有一位哲人说"一事成百事顺"，其意思就是伴随成功而来的思想和勇气会诱发越来越多的成功。这是一种可传递的激情，一旦拥有它，激情就会迅速渗透到我们的血液中，像充电那样日复一日年复一年地煽起更多的激情。当这些想法占据我们的内心，它将与我们融化在一起。随之而来的成功会带动死气沉沉的四肢，并激励我们按照我们的愿望去做事。当我们身居洁净的世界时，会拥有健康的身体、愉悦的身心，最后一定会克服障碍赢得胜利。

身心洁净能鼓舞起全身的士气。衣着整洁、充满活力的人不容易悲观和郁闷，他们会大步前行，充满热情，头脑里也会洁净清朗，眼睛里也会充满对胜利的渴望。他们的本性中会时刻流露出真诚，丝毫不见虚伪的身影。他们的性格或许会有一些弱点，但他们身上流露出的特殊力量，充分证明他们有能力击碎这些弱点，并使之成为他们的奴隶。

身心健康、穿着舒适得体的人能够提前赢得战役的胜利。

因为他们知道保持整洁的价值，懂得尊重自己。同时，人们对他外表的认同也会不言而喻。如果人们赞同他的外表，对他的行为也会赞同。这样的人做事永远不会做得很过分，他们自己感觉很舒适，并把这种舒适传递给和他们接触的人。换言之，他们有自己的独特之处，就在于他们拥有的力量。他们知道，人性中最高级的道德规则在于身心洁净，污秽不能主导人的道德和身体状况。他们的魅力来自于他们的行为，并能让世界为之一惊。在生活中，我们接近他们、了解他们，并与之合作，这一事实就是铁证。我们需要身心洁净地度过自己的一生。

对于我们而言，没有什么比失去雄心壮志、养成粗心马虎的习惯更迅速的了。我们无法掩饰这个现象，如果试图去掩饰，也只能是自欺欺人。自尊的缺失对于整个身体系统都会产生可怕的影响，每个走向成功的趋势，都会因此变慢或减弱，那就意味着我们已经走上了一条不洁净的道路！

不久以后，我们就会堕落或者隐身在既没有勇气倒下也没有勇气站起来的人群中。没有什么失败比身心遭受污秽来得更快的了。然而，成功的人们会彻底远离这些状况。他们尽可能悠闲地生活在阳光下，早晚锻炼、读书、看戏，紧紧地跟随

世界上思想和艺术的最新发展。他们的面孔是开放的，充满阳光。因为他们坚信，一场比赛的失败，不会影响生活。他们有生活的目标和能力，会去努力尝试哪怕一丁点的机会。洁净，对成功而言极其重要。对成功者来说，没有什么比它更为重要的了。将军所期待的士气，往往体现在士兵们三角帽徽的洁净程度上。因为他知道，如果士兵身心洁净，就会无往不胜。

如果洁净对他们来说是本能的，那为什么不发生在我们身上呢？分析我们自身，会发现身体就像是某种伟大的系统，有大脑、心脏、肺、胃、神经和肌肉，每个部门都各自运作，又与其他器官相连。整个系统围绕着身体最高的机构——大脑——运转着。如果这个最高机构保持洁净、美好，那么尾随其后的部分岂不是自然而然就洁净了？当我们认识到这一点后，唯一可以做的就是在洁净美好的世界里，为实现理想的生活而做些事情。身体系统是最好的工具之一，因为它的存在，人们才可以让生活变得更有价值。身体和大脑都必须在系统内运转。胃不能承载不必要的食物，肺不能呼吸污染的空气，神经不能消磨在混乱和荒谬的生活中，肌肉必须保持适当的锻炼以保持协调。我们必须认识到身体系统的需求，确保供应充

沛。跟现在活着的人相比，罗斯福总统所具备的活力也许更强大。他一直强调身心洁净的重要性。因为他业绩卓越，他更有能力强调这个重要因素。他直言不讳，所说的话众所周知。然而，只有懂得他话语价值的人，才会感同身受。童年时代，他就规划了自己的生活：每天进行必要的体育锻炼；通过学习来丰富大脑；从他人失败的教训中获取胜利的经验；通过上天善良的安排，与健康的真正的成功人士沟通，不断地汲取经验，丰富自身的知识。他执着而又洁净。结果怎么样呢？他攀升到了人类奋斗的顶峰，没有更高的荣誉可以授予他。在生活中，我们没必要都成为美国总统，但可以通过模仿，从那些身心健康、闪光的例子中吸收营养。

清晨，有人会在冷水中冬泳，同样，我们也应该定期参加这样的运动，融入到这一群人中去，他们用自身的热情试图让世界变得更美好。也正是这样一群人，他们昂首挺胸、心地无私地投入到奋斗中。虽然他们专做大事，但我们可以紧随其后，当我们需要帮助时，他们会向我们伸出友好之手。他们只需要确定我们的勇气是否与我们的雄心壮志相匹配，我们的家庭生活是否井然有序。因此，让我们带着所有的美好前行，保持身心洁净，在前进时还不要忘记放声大笑。

第九章
体谅他人

第九章
体谅他人

我们知道，体谅他人是人与人交往过程中的崇高境界。我们播下的每一粒善良的种子，都会在我们的心灵花园盛开。善良之人不会给人虚伪与施舍的感觉，他们只有真诚和善意。在那些高尚的人眼中，体谅他人是一件再正常不过的事情，就跟吃饭睡觉一样自然。因为对他们而言，生活本身就应该那样。仁慈是有教养的外在表现，也是人性的升华。

如果没人愿意伸出援助之手与我们同甘共苦，发出友善的邀请，那么我们真的就不知道在这个世界上还有什么成功可言。回味我们的成长经历，会发现朋友和家人给予我们的爱是多么的深刻，而我们却没有及时地感激和回报。但是，我们仍

然深信，在生活这场战役中，不管发生什么情况，在前进的道路上都会有人为我们欢呼加油。虽然有些时候我们很坚强、很自立，但是我们仍需要朋友和家人的支持与陪伴。如果没有他人的帮助，社会将化为尘土；如果不去体谅他人，家便沦为没有任何意义的住所。体谅他人是人类仁慈的甘泉，它使得乏味的苦役变得愉快而健康。为他人服务时，我们不应该索要回报，因为回报就是行为本身，高尚又无私。

在人们眼中，那些体谅他人的人的慈善行为充满了光辉，拯救了很多弱者。他们达到了伟大的至高境界，并且他们拥有智慧，明白自己应该做什么，在帮助他人的同时也让自己获得快乐。

体谅他人会让我们收获很多。它是一种美德，有助于获得真正的友谊和恒久的感情。在教会他人坚毅的同时，他们自己也学会了执着。他们给我们留下了很深的印象，已经进入我们的大脑中枢里，在我们需要指导时，会在正确的时间给予我们意见供我们参考；在我们需要安慰时，会提供坚实的臂膀让我们依靠。

体谅他人是人的一种内在品质。与其他所有的事情一样，

这种品质可以随着我们自身意识的加强而得到强化或改变。在孩提时代就应该灌输给孩子们体谅他人的意识，这是一个成长历程，越早越好。因为，孩子四岁到五岁的阶段，是最容易受到影响的年龄段。在此期间，要教会孩子注意生活中的细节，比如：轻轻关门；在妈妈睡觉时，走路要轻声，以免把她吵醒；要保持干净整洁等。这些都是美德，所有的这一切都是体谅他人的重要组成。很多人都有为他人服务的愿望，但往往因胆怯而停步不前。生活中，随处可见这样的例子：路边有人非常痛苦，但我们因为胆怯没能伸出援助之手；有一个我们都认识的人，贫困潦倒但又心高气傲，不愿寻求援助，当我们经过他身边时，想帮助他却又担心冒犯此人，结果就转身而去。我们碰到过多少这样的情况？如果这些人能放下自尊，与我们沟通的话，在关键时刻，我们肯定愿意提供给他们任何帮助。但是，除了我们最好的朋友以外，谁又能了解我们的心境呢？

一定要做正确的事，这个观点非常好。帮助他人本来就是正确的冲动，我们应该付诸行动。年少时，我们应奠定为他人做事的意愿。每当我们开始遵循更高的准则去帮助他人时，

我们经常延迟动身的时间，这就表明我们的决心在减弱，也许最终会无果而终。随着时间的推移，我们会发现所做的全部事情就是袖手旁观。我们曾经美好的愿望已经悄然走开，铺平了冲动砸出的坑坑洼洼。也许我们会认为自己的初衷是好的，但是由于我们缺乏勇气，最终没能付出实际行动。随之而来的沮丧，在我们的心里蒙上了一层阴影，会缠绕我们很长时间，挥之不去，只是因为我们没能用实际行动去帮助他人。然而，真正笑对人生的人对这些问题是毫不在乎的，他们快乐而又清醒，对自己充满信心，总是瞄准机会勇敢地帮助那些真正需要帮助的人。即使不这样做，他也会通过共同的朋友找到需要帮助的人，给予他人帮助。他们从不炫耀自己的善良，以帮助老朋友为自己最大的快乐。他们认为，体谅他人能实现自己更高的理想，其中蕴含了对生命的价值和意义的理解。体谅他人不一定只从做大事中体现，恰恰相反，它是由不计其数的小事和想法组成的，它会让人们变得更加善良，拥有更多的朋友。

　　细心体贴的人时刻准备着在正确的时间做正确的事情，用自己的光照亮世界。也许，起初或者连续好几次，我们都没有注意到他们，但是过不了多久，我们就能认识到他们的存在

对我们来说到底意味着什么，就能体会到他们的坚持，于是尊重他们。像他们那样的人总是简单明了的，永远不会忙于斟酌词语，也不会找借口暴跳如雷。他们的脑中全是责任和义务，做事时井然有序。有一句老话特别能够用来描写他们："如果你想做什么，就找一个大忙人帮忙。"一个人越忙，似乎就越有时间帮助他人。换一种说法，体谅他人就是为他人服务。在他人需要时，给予他们帮助；在他人劳累一天之后，给予他们安慰。做这些事情带给人的自我满足感，是做其他任何事情都无法比拟的。

一个慷慨之人，即使在爬山的路上，也会想着帮助别人。在他们眼里，为别人做得越多，自己得到的就越多，就会变得越坚强，在社会上的影响力就越大。帮助他人未必有利可图，但会给他们自己带来幸福。这种行为不看重报酬，只在乎意义，我们只需学习如何释放自己的影响力就可以了。那么，让我们从身边点滴做起。在路边、办公室，或其他生活区域，动手为他人做事。当然，在做这些事情的时候，我们一定要保持微笑，尽情地享受生活。

日积月累，我们的善举加在一起就成了生活账户里的庞

大资产。我们通过为他人做事开始每一天，通过帮助他人度过幸福的一天。即使是一个微笑、一次挥手，也可以达到这样的功效，别人也会因此记住我们。人们常说建议是廉价的，因为那是免费的。但是，合适的建议却是罕见的，就像谚语中母鸡的牙齿一般难得一见。为了给出合适的建议，我们必须了解对方。如果认为他所说的话有价值，在认真考虑他的情况之前，我们必须确保他会采纳建议，确保他是乐意的。当我们给出了咨询的建议的时候，就以友善、幽默的方式送他走远。在他出门时，还不忘友好地拍一拍他的后背，鼓舞一下他的决心，给他加油，祝愿他成功。这样，我们才算真正地帮助了他。他需要同情和勇气，也需要乐观的精神，正是因为如此，他才到此请求帮助和意见。我们不应让他轻易走开，应给予他我们认为合适的意见和建议。

体谅他人不必炫耀，也不必伪装。我们绝不允许自己夸夸自大，对于我们给予他人的帮助也不能自夸。对于那些总是发牢骚的人，我们无需理会，社会也不会给他们提供帮助。当用尽所有助人的方法后，我们必须把依旧牢骚满腹的人放走。因为，我们需要保持清晰的思路和视野。

第九章
体谅他人

　　体谅他人是人性的升华。在日常生活中，我们要尽量为他人着想，想他人所想，急他人所急。同时，体谅他人会带来对方的感激和善意的微笑，在某种意义上讲，体谅他人是灵魂与肉体的结合。恐吓、打骂、易怒等等都是细菌，他们会干扰人类的仁慈、善举，如果我们屈服于它，就会被搁浅、孤立，不再拥有真正的友谊和同伴。

第十章

保持民主

第十章
保持民主

有一点，每一个人都应该清楚：大话和浮夸从来不是成功者所应有的行为。在伟大的国家，有影响的成功人士无一例外地都有两个品质：其中之一是朴素，这个品质使得他们最终能够赢得成功；另外一个品质就是平易近人。

伟人从来不会成为细节的奴隶，也不会抽空和普通人深入交往。当然，他也不会像隐藏在黑屋里的古代国王那样，把自己藏在高高的栅栏后面，不让大臣、侍从、守卫紧紧跟随着他。他会努力认识所有值得交往的人，也愿意与这些人交往。他不会佯装知道很多，也不会在合适的时间里拒绝接见我们。

通过大量宣传，强迫公众接受自己的人，无论多么努力

想让自己看上去伟大，他也不会成为大人物。这种情况在那些成功但名不副实的人身上表现得尤为明显，体现得淋漓尽致。也许，他可能会有名人的"标签"，但是，正如林肯所说："你不能在所有的时候愚弄所有的人。"安德鲁·卡内基解释他成功的原因时说："我周围都是聪明的人。"同样，在那些主管大事、视野宽广、影响深远的人周围，也都是聪明人，这使得他们拥有判断力和谨慎的思维来为组织机构制定最好的决策。他们时刻都准备着与他人商讨，通过对那些独具创新精神和自我奋斗精神之人的善用，空出更多的时间处理其他的事情，而不是花大量时间去料理普通业务。这类人在公共事务中常常成为领导，并逐渐身居高位。当然，他们地位越高，就越会放权给他人，委托他人处理工作。跟他的大脑一样，他的管理原则也很清晰，从来不处理琐事和没价值的事。这样的人始终让自己的身体和大脑正常运转，不会恼怒、乱发脾气。精神世界的完备对于上进的人来说必不可少，所以，他强迫自己保持开放的思维，以便跟上新思想的潮流，绝不允许自己与外界失去联系。

　　他从不允许自己的容貌看上去像覆盖着"奶油和地幔"一样复杂，他的思想之窗始终保持着简洁、清晰。他认为，在

生活的宴会中，总能结识新朋友、新面孔，谈论新事情。世界总是呵护性格开朗的人，这也是明智之人一贯秉承的精神。没人愿意接触那些自以为是、自私自利的人。他们的固执是与生俱来的，宁可让自己扭曲在烤箱里，守着半生不熟的所谓的知识，也不愿敞开胸怀接纳新生事物。

有人问道："我怎样才能见到某某先生？"答案是——不要尝试。"他不值得学习。你不能从他那里学到任何东西。"仅仅因为自私排外的品行，这种人错过了大好机会，他给自己挖了一个洞，爬进去，然后把洞门关上，与世隔绝。我们可以大胆地想象，这种人对待他人的情形：家人就像仆人，下属就像奴隶。这种人可能会在小事情上成功，但在人生的重大抉择中，我们可以肯定他一定是失败者。如果我们有一个很好的想法，就把它拿给有远见的大人物，那么，他一定会放下手边的工作，跟我们一起探讨。民主是对灵魂的解放，使我们与他人紧紧相连。

对于那些天生具有魅力的人来说，世界不是孤立静止的，与这样的人交朋友没有任何障碍。如果我们把自己隐藏起来，不去与他们接触，那就只能怪自己缺乏判断力。无论身居多高

的职位，为我们自身考虑，也必须知晓这些人的想法，决不能让自己的头脑僵化。如果不能和他人保持日常接触，我们很快就会变得沉闷乏味，甚至会感觉自己很无聊。

民主之人不会与自私的人为伍。因为，自私的人只会专注于自己，吹毛求疵，生性阴郁，无可救药。对他们而言，生活没有任何乐趣。我们只能为他们感到难过。由于缺乏早期的训练，他们起步时抬错了脚，以后也只能随波漂流。事实上，我们中很少有人能克服已经养成的习惯，如果能够克服，那么这样的人完全可以称之为成功者。民主是仁慈、亲切的，透过它，我们能看到自己身后的那张脸，并找到他人存在的缘由。

很大程度上，生活取决于我们如何看待它，仁慈能让我们正确地看待生活。仁慈的大脑具有很强的适应能力，可以形成千差万别的思维方式。聪明的人了解自己，他们常常面带微笑，向他人伸出自己真挚的双手。他们会一直坚持，深信成功最终一定会到来。

在前行的道路上，我们必须纠正过失，否则会跌入万丈深渊，一蹶不振。如果我们要想生活幸福，就要做到内心平和，拥有好脾气，并且充满生活情趣。我相信，这是非常容易做到的，你也会一样。

第十一章

阅读好书，自我教育

我们会慢慢发现，一个人的藏书，能反映出这个人的性格。印刷术发明以来，每个爱好学习的人都喜欢读那些经典著作，因为这些书都是从众多书籍中脱颖而出的。我们读过林肯"吞食书本"的故事，也读过那个年代的韦氏字典，一遍又一遍、从头到尾、逐字逐词地读。我们知道，格兰特十分热爱书籍，他从书本中吸取灵感，获得安慰。书本成了伟大思想家们永久的朋友，他们在阅读的过程中感受内心的热情。"如果能将一本好书理解透，就能充实大脑。"这真是一个好的想法，但我们应该如何充实呢？答案很简单，那就是阅读值得读的好书。只有这样，才能丰富大脑，激励我们的斗志。实际生活中，人们可能会吃进去某些有害的食

物，同样，我们也很容易被无用的、无聊的信息填满头脑，导致消化不良。

我们应尽早地培养良好的阅读习惯，并坚持一生。当我们阅读一本好书时，能感到、听到、看到，并理解作者当时的心境。如果书中的内容能和我们的思维方式产生共鸣，那么，一个崭新的世界便呈现在我们面前，承载着我们的思想，加深我们对世界的理解。即使只是沉溺于它的枝叶中，我们也能重现作者的思想，加深我们的认识。所以，好的书籍对我们来说是真实的，就像我们的老朋友一样重要。渐渐地，随着时间的流逝，它会悄无声息地渗入我们的生活，直到成为不可或缺的一部分。

当然，能成为我们"好朋友"的书籍，一定是那些所谓的精典的书籍。但那些虽小但却广为流传的书籍，其所蕴涵的丰富思想也能让我们兴趣盎然。伟大的书籍无论装订得多么糟糕，排版多么混乱，纸张多么便宜，也都能在短时间内证明其价值，毕竟装订、排版、纸张等只是外在表现。

有很多好书，都值得我们学习。爱默生的"散文"可以装订成一本书，并且非常值得拥有。在美国，没有任何一位作

家能像康科德那样鼓舞人心。当人们拜读他的散文时，就像呼吸新鲜空气一样，给人一种心旷神怡的感觉，激励着我们，让我们觉醒振作。在读他的书时，每个人都能敞开心扉，展望新愿景，拥抱新思想。

毫无疑问，如果没有莎士比亚的陪伴，想要拥有健康、活跃的大脑是不可能的。坚持不懈阅读和充分理解莎士比亚的人，不用接受任何其他教育。就像哲学家爱默生一样，他把对世界的思考归结为简洁的句子，使人们在阅读后思想能够进入到一个新的领域。对于我们而言，能够在自己的生活中学习到这些道理，是一件幸运的事。阅读能够强化大脑的思维能力，美好的书籍能把我们带到一个无与伦比的伟大的现实主义中去，让我们心中充满雄心壮志。像这样的书，应该成为人们的人生伴侣。无论我们走到哪里，都应该把这些书带在身边，绝不能丢下莎士比亚大师的思想。

接触这些思想，能够让我们摆脱无事可做的枯燥。对美国人来说，在有关美国人的书籍中，罗斯福的《赢在西方》位列榜首。因为这本书不仅融入了罗斯福风趣的个性魅力，而且还展示了收回被占领国土的历史过程，而这些场景对美国人而

言，至今还历历在目。读过这本书的人，无一不被先人们勇于面对危险的大无畏精神所震撼，震撼于他们的勇气，震撼于他们的果敢，震撼于他们的绝对顽强。阅读这本书的时候，就像是回到了过去的岁月，与先人们生活在一起，分享他们的忧愁，共享他们的热情。如果没有这种鼓舞，那些聚在小型图书馆静心沉思的人是不会去啃书的。因此，在选择书籍时，我们必须牢记，一定要选择那些让人深受启迪的书。

正是那些伟大书籍拥有这种特质，当我们读它们的时候，就像前往一个新世界，去做大事。也许这是它们的使命，令人鼓舞、催人奋进。世界上那些伟人都爱好读书，他们不仅喜欢书籍，还能从中深受启迪。据说，拿破仑被送往圣赫勒拿时，还建议一名官员不要停止阅读。因为在各个时期，大部分有价值的思想都被伟大的思想家储存在书中了。每一次人类为了美好生活而摆脱苦役的运动，每一段历史，以及每一个美丽的思想都被记录在了书中。书的思想越好，对这些事情的描写就越多。劳累一天之后，我们可以从书架上拿下一本书，瞬间投入到另一个完全不同的世界中去。

忽视阅读的人一定会错过开发大脑的最佳途径。好的图

书能提供精神食粮，阅读也能拓宽我们的视野。读完值得阅读的书后，我们的志向会更加坚定。这是一种力量、一种动力，驱动作者撰写书籍，更推动我们去赢得胜利。没有这种鼓舞，我们就像在黑暗中摸索的儿童，看不到引导我们前进的灯塔。马登和哈伯德写的书籍，就是成就事业的发动机。他们把自己内心深处的感情汇成了语言，为我们这些追随者指出了一条道路，并带给我们启示，为我们今后的成功奠定基础。

他们带给我们有用的、实际的想法。如果我们仅凭自己的推理能力，永远都不可能获得这些想法。同时，他们把激励人的词汇编写成短语，让其成为人们一生的箴言。人们可以从他们丰富的经验中得出因果逻辑顺序。如果没有从他们的教导中受益，那就是对我们前途的一种犯罪，我们便没有愿景，随之落伍。我们只会惊异地看着世界上发生着什么，而不去关注什么在进步。所有的一切都是因为我们没有用适当的方式充实大脑。通过阅读历史小说和伟人自传，我们可以得到快乐、学到知识。沃尔特斯科特爵士和詹姆斯·库柏的书籍被称为世界名著。格兰特的自传和其他著名的美国人的传记都可以为读者提供丰富的材料，充实优美的文学世界。

在美国，几乎每个城市都有很多图书馆。买书时，我们应确保买到最好的版本，并确保字体适当、纸张干净。书籍会成为我们热情的朋友，所以，绝不能购买删节版的书籍。相比之下，装订不是一个重要因素，但我们仍希望最喜欢的书能够装订得美观、时尚。

与莎士比亚、爱默生、罗斯福、斯科特、库珀、马登和哈伯德一样，每个作家都有代表作，我们可以很容易地把书目清单扩展得更大些。如果有人想研究伟大人物撰写的书籍，他会发现所有的大人物都受益于读书，读书让他们有机会思考。

第十二章
身心准备

第十二章
身心准备

我想说明一下，本章的研究对象并不是谈论体育文化，而是强调确保身体状况良好的必要性。关于体育文化，我们可以借助于许多相关书籍和健身教练来学习，帮助设计适合我们的锻炼计划。同时，还有很多场所，比如慈善机构、俱乐部以及基督教青年会等组织，都会为那些决定通过锻炼来强身健体的人们提供健身房和其他各种设备。这是一个良好的开始，但接下来我们必须有属于自己的简单的训练方法，才不会觉得锻炼是难事或苦差。这样才能保持最佳的状态。

锻炼时，我们应该采用日常的方法，而不是因循守旧的教条模式。同时，进行锻炼应是自觉自发的，而不是靠纪律的

约束。在生活中，我们只需把普通的身体动作转变成锻炼，就能实现这一目标。比如，当我们坐在椅子上时，可以加入一些锻炼，只要稍稍地努力，我们就能形成正确的坐姿，让身体、肩膀、下巴都处于正确的适当的位置。

所有的体育锻炼都与体质有关。走路时，我们可以弹跳，使整个血液系统循环更好。我们可以弯腰从地面上捡起一个东西，锻炼一下我们腰部的肌肉。我们也可以站得离衣架远一些够帽子，伸展一下我们的胳膊。穿衣服时也可以用同样的方式完成，促进身体内的血液循环。早晚起床和休息时，应养成随时随地进行锻炼的习惯。因为，晨练会让我们吃早饭时胃口大开，食欲大增。同样，晚上休息前锻炼会让人消除一天的紧张和疲劳感，进入深度睡眠。

锻炼完之后，从头到脚洗个澡是另一个保健的方法。还有一种非常有效的锻炼方法，就是在床上运动。早上起床时，不要一下子就跳到地板上，而是先做一些简单的体操动作，让身体舒展开，这将是一种美好的感受。但是，跟任何事情一样，过犹不及，体育锻炼也会走入极端。紧张的锻炼，会让我们的肌肉僵硬，形成我们根本不需要的大肌肉块，这种情况只

在运动员身上出现就可以了。

　　一般人应该回避这样的锻炼计划，高强度的锻炼只适合于那些有需要的人。我们真正需要的是拥有足够的力量，让我们轻松、高效地度过每一天。在某种意义上讲，我们凭借自己的智慧生活，如果不能得到体育锻炼的补给，我们的智力就会下降。获奖最多的斗士通常不是最长寿的人，职业运动员也一样。他们的职业需要额外的强化锻炼，而这对于普通人的生活来讲并无益处。换句话说，我们会因为事情做得过度而犯错。与此一样，无节制的锻炼就像暴饮暴食和酗酒一样有害于健康。以前，四十岁的人看上去就已经年老体弱，而现在，六十五岁的人看上去还很年轻。因为，在现在的生活条件下，如果保持锻炼身体并善待自己，年过半百将不再是衰老的标记。在我们身边就有这样的朋友，他们总是精心安排锻炼计划，时刻保持愉快的心情，所以，他们一直都精神矍铄，身体健壮。同时，他们性格乐观、与人为善，像年轻人一样朝气蓬勃。在人生的早期，我们就应该知道幽默、开朗在保持身体健康方面的重大作用。在前几章节中我们提到过，爽朗的笑声作为最好的锻炼方式之一，一直被广为称颂，没有任何一项运

动能像笑那样能够活跃心脏、增强肺功能。笑使血液在系统内加速流动，因此笑被称为最好的自动血液循环器之一。

　　笑能减轻大脑的压力，不论一天中有多少烦心事，只要我们微笑着处理，它们很快就能迎刃而解。曾经有个朋友问银行家："你怎么决定是否把钱借给他人？"这位银行家回答："我看一个人的眼睛，就知道借还是不借。"这位朋友说："我想借用一万美元，就现在！""没问题，先生。"银行家回答。这说明，想贷款的人，要有良好的身体和心理的准备。如果一个人脸色阴郁，就像挂了一块墓碑一样走进银行家的办公室，那么他永远都不会借到那一万美金。毋庸置疑，拥有愉悦心情的人会给他人带来信心，而那些干巴巴、酸唧唧的人将一无所获。一位现代哲学家曾提出"忧伤肝"的概念，毫无疑问，他是正确的。

　　其实，生命的一个大问题就是我们如何让生活充满阳光。在寻找阳光的过程中，我们经常会发现，生活中的"天使"就是那些给予我们最大帮助的人。一句温暖鼓励的话语，各种谦恭的行为，无私的工作，真正的友谊和爱情，发自肺腑的大笑，感激他人，认真完成分配给我们的各项任务，这些都是我

们的助手，都是身体健康和精神健全的产物。通过这些，我们可以学会如何从社会精英中找到朋友。

如果没有不懈的努力，就想得到、拥有和保持健康的身体是不现实的。幸福只会降临到那些懂得照顾自己的人身边。这种感觉没有什么能够比拟和超越，但同时，它也是激励人们成功的一个重要因素。清晨起床后，做一些充满活力的运动，之后冲个澡，接着准备好接受任何事情的到来。尽管窗外不一定总是阳光明媚，但他也会觉得天空是晴朗的，世界始终是公平公正的。因此，让我们舞动身体，开心微笑，把希望和喜悦传递给所有与我们接触的人。噢！身心健康的感觉真是棒极了！

第十三章
自我放纵与失败

我们要意识到，自我放纵意味着失败。因为自我放纵是恶习的集合体，不管怎样，失败都是其必然的产物。人们即便是在饮食习惯上，也可能存在着恶习。有些人吃东西时，狼吞虎咽，没有节制，这就是恶习。在我们日常生活中，经常会看到这样的人：将餐巾踩在脚下，或是搭在衣领上，翻山越岭一般去够远处的东西吃，有时候还打破桌上的东西，弄得人仰马翻。这些人在会餐活动中，常常让其他人难堪。我们没有必要去谈论这些人的行为举止，但像鸵鸟一样自欺欺人地装作什么都没有发生，也违背我们的本意，很难做到。人类的天性决定了我们会专注于这些行为，有时候对它表示同情，但更多的时候是惊讶。

有一个败家子，他有权挥霍自己的财富，同时，他还坚信一个理论，那就是他拥有全世界所有的钱。而且在他死后不久，那些接受过他钱财的人都会记住他的慷慨。这简直就是痴心妄想！人们如何回忆他，完全是另外一码事。我认为，无论谁，对他的印象都不会是正面的。那些厌倦了他的无事献殷勤的人，终于可以继续他们原来的生活了，不用再费尽心思地躲避他过分的友好。在他眼里，他就像知道什么对我们而言是最合适的，甚至超出了我们对自己的理解。他让我们抽他喜欢的牌子的香烟，喝他挑的酒，吃他选择的食物，戴他风格的那种领结，用他的那种大衣、帽子、鞋和内衣。为了让他的提议听起来像回事，他会自觉地结账！在这个小小的娱乐事件中，我们仿佛应该扮演的是接收者的角色，去赞赏他的慷慨。

无论我们从中得出什么结论，必须记住的一点是：如果无节制地浪费财富，而只是想给别人做示范，那么这种愿望实际上就是一种罪恶，是可恶的，对于那些"接受者"来说则更为糟糕。

我们失败的原因最终都能在自身找到答案。我们清楚地知道，无论找出什么借口，罪魁祸首都是我们自己。失败就在

前行之路的某处等待着我们，随后我们就真的倒下了。我们性格中的保守因素最终会占上风，最后把整体连根拔起，导致整个计划功亏一篑。我们对自身的反省从来都不严肃，尤其是生活比较顺利时，通常会忽略掉这些。可是如果不妥善处理，很多东西都会被磨损掉。在前面的章节中，就有关于此话题的讨论，强调了在生命早期审视自己的必要性，目的是让我们知道自身的弱点，并立即采取措施，挖掘根源，使自己变为生命力持久的多年生的"耐寒性植物"，一直能延续到生命的终结。同时，也提醒我们，不时地审视自己是件好事。

在青涩的年轻岁月，我们往往会订立很高的目标，然后朝着心目中的目标进发。刚开始一切都很顺利，我们会对"安乐街"（意为生活富足舒适）津津乐道。但是当我们到达一定阶段时，我们会发现，有些事情不对劲，必须加以改变，否则就会承受生活的打击。但是，"安乐街"看起来还不错，它使人眼花缭乱，使我们身陷其中、不能自拔。在这条街上，每个人都穿着"节日盛装"，兴高采烈。啊！这就是人们津津乐道的街道！接触过这条街道的人，跟我们说起过它，说这里是有钱人的地盘。在这里，我们或许可以找到生活中为之毕

生奋斗的东西，但对那些想充分理解生命真谛的人来说，就像买了一张豪华通票一样，不会在此地长时间逗留。当然，在这里稍作停留，我们也不会受到伤害。

虽然这里不乏金钱，但是我们必须马上动身离开，继续前进。我们所需要的，不仅仅是沿着这条辉煌的道路行走！

第十四章

入不敷出

直以来,"入不敷出"这个概念是个大课题,必须从广义上来看待,因为它是个动态的概念,会随着环境的变化而改变。同时,也是我们必须面对的重大问题之一。如果个人之间没有差异,那么我们只需三言两语就能讲完这个问题。但是,人和人是不一样的,一件事对一个人来说,可以易如反掌地办到,而对另外一个人来说,却难于上青天。因此,深入地研究"入不敷出"这个问题,是必需的,也是明智的。

负债对于大多数人来说,是可怕的,但对有些人而言,只是小事一桩,不足挂齿。因为,人类个体之间存在着差异,我们需要将这个方面考虑进去。当我们的经济状况陷入窘境

时，迫切地需要使用信用卡，但那时我们还没有建立起良好的信用关系。在这个身无分文又不得不忍饥挨饿的情况下，不会有人同情我们。当然，有人会说"我付出了就该得到相应的回报""我不欠任何人钱""我从来都不会入不敷出"。但是，如果我们突遇天灾人祸或者事业失败，这时，往往会发现自己身无分文，无计可施。因此，人们常说"活到老，节约到老"，就是提醒人们要细水长流，以防备不时之需。但是，过分节约，同样会使人们的幸福生活大打折扣。

我们必须承认，斤斤计较每一分钱，会使得人们在前进的路上失去很多东西，随着时间的流逝，还会变成人们的"快乐杀手"。通常情况下，家中过度节俭的行为，意味着一场艰苦的生活斗争，让儿子想着离家出走、独立生活，令女儿盼望着尽快结婚、脱离苦海。在长吁短叹之后，只留下母亲，继续着奴隶般的辛苦工作，以使积攒的钱财尽可能地增长。这一切代表了一种极端的节约情况。我们是反对过分储蓄的，并希望这一观点不被误解。在这里，提出这一观点的目的是，建议人们不要在牺牲个人福祉的情况下过度储蓄。我们最好的计划是适度理财，千万不要忘记，我们的生活是需要享受的。同

时，我们还必须在我们的交往圈子中，树立一个信用等级，就好比企业在金融机构中的信用等级一样。这样，当我们面临入不敷出的困境时，才能得到朋友的鼎力相助。对企业而言，商业信用比金钱更宝贵，因为它更有活力，能够带来新的希望和机会。

有些商人，一辈子依靠现金做买卖，在他们想要扩大业务时，会发现他们的信用记录缺失。这是一个致命的问题。当他向别人借贷时，人们会对他的财务状况表示怀疑。因为他们在发展壮大的过程中，忽视了打造信用声誉。在商界同行的眼里，他只是个支付现金以及索求现金的人。尽管他竭尽全力去做好每一件事，但是不会使他的世界变得更幸福或美好。一个类似于火灾或是银行破产的灾难，都极有可能毁灭他的全部希望。因为，一个没有信用的人，是很难东山再起的。所以，不管怎样，在我们前进时，都要"未雨绸缪"。我们的节约可以由很多东西组成，不仅仅是银行里的现金。我们储蓄的目的是要养成体面生活的习惯。在入不敷出的境况下并不意味着要节省每一分钱，尽管我们会因此变得邋遢和褴褛不堪。因为没有任何东西能像衣冠不整那样，直接降低我们

的形象等级，影响我们身边的人对我们的第一印象。

成功者总是一副风度翩翩、有教养的外表，这也是他们的个性特征。整洁的服饰大方得体，通常还意味着穿衣人具有良好的教育背景。与之相比，那些假冒伪劣服装永远都是低等货，同时表明穿这种衣服的人可能是下层人。如果我们不展示温文尔雅的外观，那么在追求成功的过程中，我们注定会被打败。我们不能只是通过读书来获取想要的东西，还必须与人打交道，通过思想交流，了解那些实用的知识，使其成为我们的工具。

虽然有头脑的人到处都受欢迎，但其受欢迎的程度与他的外表和结交的人息息相关。我们常常会听到人们说："真遗憾，他虽然拥有智慧，却不能赢得人们的尊敬。"这种情况必将导致一个糟糕透顶的结果：邋遢的人迟早会对自己失去信心，要么终止修身养性，要么放弃和他人交往的机会，从而陷入吝啬的深渊。"中庸之道"这个短语，众所周知，它也一样适用于人生中关于"储蓄"的这个话题，意味着我们应避免超前消费、入不敷出，表明理想的中间路线是理智而非极端。然而，我们不能因为与重要人物交往时，需要更多的钱，而导致积蓄变少，就说是入不敷出，因为这是为以后获得更大的机会

而做的准备。年轻人求学时，会花光身上的最后一分钱。实际上，这是生活所必需的，也是一种储蓄，一种为未来做的投资储蓄。他们减少银行储蓄，将更多的钱用于求学，扩大自己的知识面。然而，一个人不应该完全失去储蓄的想法。上大学的年轻人，只是把钱投资在了教育上，而没有存在银行账户中。但是，一旦人生道路上的计划明确、收入固定时，存钱就应成为一项固定的习惯。除了投资以外，没有任何办法能让我们积累资本。因为投资意味着储存利息，或者是通过某些项目，获得丰厚的报酬。我们就攒钱这个话题，采访了1000个人。从他们的答案中，我们发现，可以获得利息的投资，才是我们所需要的。事实上，利息投资比那些许诺巨大回报的投资都安全。后者使得人们远离中规中矩，刺激他们冒险，而这些冒险最后都有可能导致失败。

不是所有的人都能成为富人，毕竟，获取财富不是人们生活中的唯一愿望。世界上最快乐的人总是中产阶层，而不是社会的两极人群——穷人或者富人。从某种意义上来说，挥霍其实是在逃避生活，因为它使得我们软弱、焦虑，并把我们驱逐出平和清新的绿色生活牧场，永远不得安宁。

第十五章
自力更生

已故的阿尔伯特·哈伯德给那些具有主动性的人，下了这样一个定义：在没有提示的情况下，能够在正确的时间做正确的事情的人。毫无疑问，这样的人能够自力更生，哪怕势单力薄，也会独自将战斗进行到底。他们不依靠朋友，而在朋友需要帮助时，却能一直陪伴在朋友身边。

一次，一个初出茅庐的记者被经济新闻部编辑派去采访某个人。在尴尬的停顿后，这位年轻人问道："我去哪里可以找到他？"经济新闻部编辑微笑着，轻蔑地看着他说："他可能在任何地方。"也许我们会想，这件事会严重地挫伤这位年轻人的积极性，甚至会导致他记者生涯的结束，但事实正好相反，他把这个教训铭记于心，时刻激励自己，开始了自我奋斗

的历程。如果一个人在一个地方摔倒两次，很可能会因此失去工作，并错失事业成功的机会。但是，这位年轻人没有那样做，而是继续坚持，最终成为了著名的报业人士。他之所以成功，是因为他抓住了时机，培养了自己主动和自力更生的性格习惯。毋庸置疑，主动性和自力更生这两个词对我们所有人都很重要。如果一个人不懂得培养自己的主动性，那么他将用自己的余生体验沉痛的教训。

然而，很多人白白错过类似于上面那个年轻人那样的机会，最终丧失了工作。在某种意义上讲，这也是无可避免的。这样的人最终只会成天牢骚满腹、游手好闲，完全缺乏自信，任凭犹豫和踟蹰取代自我奋斗的精神。他们会像石头一样跌落谷底，在那里默默无闻。工作最终会将他们淹没，因为他们缺乏主动性。他们将成为彻彻底底的懦夫，甚至对自己的影子也战战兢兢。

我们必须给自己创造机会。我们不能透视自己的未来，将来会变成什么样子，谁也不知道。事实上，缺乏自信是一种胆怯，会导致人们丧失勇气。那些有崇高理想的人，往往因为缺乏自信和信任别人的能力，在遇到困难与阻碍时，就丧失了

信心。他们前进的勇气瞬间灰飞烟灭般消失殆尽，最后只能以失败告终。

每一次的失败，都暴露出他们的一个弱点，最终彻底体现出的是他们的无能。在很大程度上，那些活在自己梦想中的人，最终只能是空欢喜一场。当然他们也曾有机会获得成功，只是没能抓住。当一个人遭遇不幸时，他的浩瀚梦想就会被扔进垃圾桶，同时被扔进去的，还有他曾经为之奋斗的全部希望。与此同时，失败的阴影也会成为他人生的桎梏。

面对这样的人，我们也只能表示遗憾，但我们不应该让他继续沉沦，应及时鼓励他，给他指出一条正确的道路。我们不能对他进行说教，或者迫使他做任何事情，但至少我们可以向他伸出援助之手，让他有一个希望。

一个人首先需要锻炼身体，获得强健的体格。也许他的胃不好，牙齿也松动了，但定期的运动应成为他生活中的第一要事。呼吸新鲜空气、散步、深呼吸、拳击、划艇、滑冰，这些运动都会让我们保持健康。从长远来看，拳击或许会成为最有效的运动之一。当一个人的眼部受到打击，再回过来寻找更多的东西时，最能巩固自己的战斗力。这便是我们常说的勇

气。唯有百折不挠的勇气才能击败对手。在生活中，我们也必须具备这一品质。然而，当这一切都说过、做过后，运动、比赛或许会成为我们一天的工作重点，但是我们必须安静下来，静静地吃饭，安静地睡觉。因为，在这个世界上，没有什么东西能够像吃饭和睡觉那样能让我们保持健康。

说到底，成功与勇气息息相关。坚强的人能在自己被撞倒后立马站起来，别人的一击只会更激发他的斗志。人体系统是一个整体，如果一部分受到了影响，其他部分也会纷纷效法。所以说，人的勇气不论是身体上的、道德上的还是精神上的，都来自同一个地方。在一件事上建立起来的勇气，足以让人们面对其他事情。

体育训练对于培养主动性和自力更生来说至关重要。我们首要的目标是为自己塑造真正的性格，让自己永不言败。当遇到障碍时，我们必须有能力跨越它。最长的路往往也是最短的。有些事情说起来容易做起来难，但主动性和自我奋斗好像不是这样的。那些自力更生的人们都有一个共同的特点，那就是他们没有借口，不吹嘘胜利。在他们眼里，摆姿势鼓掌就像恶习一般，令他们反感。他们需要的是一个公平的交易环境和

对合伙人的信心。如果他们在一个建议上失败了，他们仍会站起来再试一下，直到成功为止。他们总有办法反败为胜。那些喜欢发牢骚、抱怨命运多舛的人跟这些人相比较，就显得十分渺小。他们对自己没有信心，逢人就谈怯懦、失败之事，除此之外无事可做。同时，他们也承担不起重任，只能一辈子做着乏味的雇员、顺从的仆人。令人遗憾的是，他们如果在适当的时机审视自己，他们完全可以获得成功。因为有生命就有希望，对于机会而言也是一样。

关于主动的人的故事，有很多。例如1812年战争中主动请缨的安德鲁·杰克逊，还有我们身边的例子：发生火灾时，我们经常会看到勇敢的消防员奋不顾身，挽救大量的生命。他们具有极强的主动性，并经过特定的训练，能够应付任何可能随时出现的危险。一旦紧急情况出现，他们就准备好马上动身去做他被期待做的工作。

毫无疑问，如果没有经过培训，这些人肯定会把工作办砸，不仅不会受到表扬，反而会被公众鄙视甚至唾弃。有时候，一个人很偶然地就成了英雄，但他有能力成为一个英雄并非偶然，因为他必须具备主动和自力更生的精神。阿奇博尔

德·C·布特就是这样的一个人，他与泰坦尼克号一同沉没。在他生命的最后一刻，他想到的是妇女和儿童，让她们先逃生。这些人都忽略了悬在头顶的厄运之剑。这种高尚的行为就是主动性和自力更生的最高表现形式。

生活中，这样的人随处可见。每天早上，在我们的班车上就有许多这样的人。一旦有什么紧急情况发生，他们会立刻挺身而出，用他们先前已经练就的熟练动作帮助我们。我们会欣然服从他们的指挥命令。在最糟糕的事情发生时，他们温和的声音令我们心安，让我们欣喜上路。我们不禁会想，如果没有这些人，世界将会变成什么样？

历史上有很多英雄们的故事。对于像圣女贞德一样勇敢的人们而言，他们的英雄壮举并没有得到赞美和歌颂。因为，真正勇敢的人拒绝所有的掌声，真正的英雄不在乎奖励，对他们而言，在正确的时间做正确的事其本身就是回报。这种自强不息、自我奋斗的品质不局限于任何种族，但在个人自由较宽泛的国家里，这种品质尤为突出。无论什么时候，只要有紧急情况出现，这些人都能勇敢地挺身而出。尽管在史书的记载中，对他们的行为描写过于残暴猛烈，但是那些世界范围的战

争依然成就了数以万计的英雄，那些英雄人物因为勇敢、坚持不懈，而取得了最后的胜利。像这样的例子不胜枚举，在人类未来的生活中也会继续发生，直至人类社会的终结。那些勇敢行为正在保护着这个世界所需要的主动性和自力更生的精神，这是件非常棒的事情，我们应该进行到底，坚持到底。

那些一贯缺乏主动性的人会发现，随着年龄的增长，摆脱性格弱点会变得越来越难。因此，最好的办法就是趁着年轻，现在就开始改变。世界上还有很多的岗位需要合适的人选，只要我们有能力，就能获得工作机会。

第十六章
错失良机

在我们的生活中，到处都充满了机遇，这些机遇总是受到人们的赞赏，并被给予王室般的欢迎。但是，机遇总是光顾那些门不上锁的人家。因为这样人家的大门上挂着告示，上面写着："全天供应热咖啡。"这是多么诱人的邀请啊。与此相反，那些紧闭门窗的家庭总是会与机遇失之交臂。傻瓜先生就是这样的一类人。在大多数时间里，他都在睡觉。当有人来敲他家的门时，他总是用被子捂住自己的脑袋，以免受到打扰。即便有机会不断地敲他的门，他也会赌咒发誓说他从来没有听到。他经常会看到机会就在附近，但是很不幸的是他自己总不是那第一个看到的人。只有当机会与自己面对面地走过来时，他才有可能把握住这个机会。但是，命运总是

带着某种不祥追随着他，像这样面对面的机遇总是少之又少。这样的人，早晚都会得到教训。

　　他的一些邻居总是与他保持一定的距离，总是把他当作"扫把星"一样远远避开，有时候见到他也是冷言冷语。因此，傻瓜先生总是在躲避邻居，避开众人，独自而卑微地生活在自己的世界中。当然，他也希望机遇降临。终于有一次，机遇来了，但是在绝望和坏名声中，为了躲避责任，他怯懦地跑开了。时至今日，机会总是不断地光顾傻瓜先生居住的地方，但却从来没有进过他的家门。因为通向他家的路已经布满杂草，机会无路可走。

　　机遇总是垂青那些有准备的人。事实上，我们真正的机会之门都是从自身内部敲开的。经过不断地努力和累积经验，我们的视野随之开阔，心智之门逐渐敞开。接下来，我们便知晓应该做些什么，并努力将之实现。对那些没看到机会的人而言，机会并不存在。但是，对我们中很多高瞻远瞩的人来说，机会是无处不在的。那些为我们所用的机会都是健康的，并且是最适合我们的，就好比我们"自己的孩子"，最令我们引以为傲和自豪。

我们的梦想会激发我们对很多专业知识的渴求。为了学到这些知识，我们深入到露天市场里，寻求那里各种各样的学习的机会。当然，我们所做的一切并不是孤立的，而与其他的事情都存在着某种联系，甚至在某种程度上，还取决于他人。正因为如此，我们变得更加谨慎和机敏。

从本质上讲，机会是分散的，我们还有可能会遇到厄运的打击。虽然人生第一个机会可能会出现在酒吧里，但通过品质的培养，我们就有能力慢慢进步，直到更好的机会到来。无论如何，有些最基本的准则是不能摒弃的。很多雇佣关系并不代表着真正的机会，至少不应被视为机遇。

如果我们没能抓住这种所谓的机会，也不必难过。当然，没能抓住一个好的机会就是很倒霉的事了。一般而言，在与那些在大企业中身居要职，有能力掌握我们命运的人交往时，能获得更多机会。当面对机遇时，如果我们拥有健康的体魄，做事认真主动，具有自力更生的精神，并积极向上、坚持不懈、勇往直前，那么我们完全有理由、有信心迎接属于自己的成功。

那些大公司的领导都很民主，他们总是衣着整齐，眼睛

炯炯有神，充满智慧，并总能赢得人们的信任和好感，为下属提供各种各样的机会。换言之，我们不应该辜负这样的机会，并应承担我们相应的责任。为此，我们必须努力工作！如果要成为一名煤矿的矿长，我们得穿上工作服；如果要成为大歌剧院的经理，我们就得西装革履地出现在各种场合。

这个道理浅显易懂，但在我们前进时，仍会发现很多人忽视了这一点。在这里提到这个事实，是希望我们不要错失机会，不要因为缺乏洞察力而成为不受欢迎的人。当我们正确理解生活时，机会就会出现在我们面前，而后我们就可以骄傲地看着自己的努力成果，真正地做到笑看人生！

第十七章
勇担责任

人要勇于承担责任，那些害怕承担责任的人注定一辈子只能做配角。许多人很聪明，但却只能担当"配角"。因为他们缺乏勇气，缺乏必要的领袖品质，恐惧占据了他们的心灵，像阴郁的帷幕一样令人窒息。在亲人、朋友和同事的眼中，他们都是优秀的人，生活得很好。但他们饱受过度谨慎带来的痛苦，感觉一直缺少某种东西，这种东西他们也不知道究竟是什么。

然而，冷静、正直的听众知道，有时候需要给那些不敢拼搏的人一脚，激发他们的斗志，让他们采取行动，勇往直前，让他们彻底摆脱以往的迟钝和愚蠢，去获得成功。

如果是为了帮助他人树立勇气，那么他的行为值得钦佩

和尊敬。勇气，像任何其他精神品质一样，是个需要及早训练，才能得以树立的品质。也就是说，在你的体内，勇气和畏惧哪个最先占领阵地，你就会成为哪方面的人。在这方面考虑欠妥的父母，在以后的日子里，需要做很多事情来排遣在儿童心中传播的恐惧。

　　粗心的父亲，再加上诚惶诚恐的母亲，必将导致孩子的过度恐慌。一旦种下恐惧的种子，它将迅速地生根发芽，想要在以后的日子里摆脱它会难上加难。如果刚出生的孩子是"畸形"脚，那么他们的父母将花费毕生的积蓄矫正他的脚。整天看着自己畸形的脚，孩子心里充满了恐惧，小脑瓜会胡思乱想。那些家长绞尽脑汁想要弄明白孩子们的小脑瓜到底在想些什么，但由于缺乏勇气，他们总是瞻前顾后，害怕这个担心那个，在恐惧中熬过每一天，也使孩子们性格中的怯懦感不断增长。

　　我们可以回忆童年趣事，能够听到亲爱的妈妈大声喊着："宝贝，别靠近小溪，否则它会弄湿你的脚，你会得病的！"还能想起另一个人人皆知的广为传诵的警告："快回来，宝贝，天快黑了，如果再不回来，妖怪就会把你抓去吃了。"

几年以后，当淘气的孩子气喘吁吁地跑进家门，后面还跟着一帮"翻着跟头"穷追不舍的男孩时，我们也能听到妈妈发出相同的吼叫，并说什么"爸爸会收拾你的"这样的话。与此同时，孩子恐惧而颤抖地听着，心里想着如果父亲把威胁付诸实施，那将会是什么降临到他头上。

如果橡树的嫩枝在发芽时没有变弯，那么它一定会茁壮成长。小孩子注定会在某一天成长为男子汉，到那时，他必须具备勇气这一特定的品质。无论如何，唯有拥有勇气的人才能在这个世界上生存。尽管他可能会有这样那样的缺点，或畸形或驼背，但是社会一旦选择了他，他将勇敢地承担起责任，并成为推动世界的一股力量。

曾经有一个伟大的演说家，坐在讲坛下面听一名男子的演讲。这名男子告诫国民不要采取措施捍卫国家荣誉，并大声叫嚷着："我们一定会比那些把我们拖入战争的人活得长，所以根本用不着采取任何措施。"于是那位伟大的演说家跳了起来，用响亮的声音喊道："上帝痛恨胆小鬼！"然后又坐了下去。突如其来的声音让听众们目瞪口呆，茫然发愣，但只过了一会儿，他们就全都跳了起来，发出了经久不息的掌声和欢呼

声。这句话很快就在全国引起了共鸣，并在广大民众中广泛传播。古老的《圣经》口号中就有这样一句话："自助者天助。"这名演讲家言简意赅的表述也表达了这个意思，效果令所有人震撼。

最终，全国上下同仇敌忾，严整军备，稳固前线，使国民免于战火。一切有助于建立勇气的东西都是生命中弥足珍贵的财富，拥有得越多我们就会走得越远，生活也会因此变得更有情趣。一个人如果拥有狮子般勇敢的心，那么在他面前所有的大门都是敞开的，怯懦的人全都会匍匐在他的脚下。有进取心的人不会向失败者征求意见，缺乏勇气的人给出的建议必定有失偏颇，处理问题的方式也会欠勇无谋，不足以借鉴。如果我们去找勇于行动的人，请求他们的帮忙，只要我们的主意不错，他们就会马上动手去做。即使有什么问题，他们的经验也会提醒他，因为勇敢的人天生就拥有博大的胸怀和宽广的视野。他们的心中没有恐惧，这给予了他们穿越广阔世界和采取行动的优先权，只要一息尚存，他们就会永不停歇。我们必须勇敢地面对自己的生活，并接受大智大勇之人的指引。

　　勇敢者目光深邃，思想睿智，并能赢得他人的尊重。如果身心都缺乏勇气，我们就会成为生活的奴隶。勇气是希望之子，它把人们的命运与高尚的品质紧密相连。在青年人心中及早播下勇气的种子，恐惧便会在萌芽阶段被摧毁。勇气会影响我们一生，使我们终身受益。

第十八章
适时结婚

趁着年轻选择一个同龄的女人，并与她结婚，这是一个不错的想法，也是一件好事、美事。在这个年龄阶段，个人生活进入平稳期，心理成熟，在这时承担起这个责任也令人欣喜。有时人们会想只有先立业后成家，才能让未来的新娘过上舒适的生活。但是，如果仅仅因为这个原因而推迟结婚，那就犯了一个令人悲哀的错误。

男士们随着年龄的增长，很容易发胖，只有到 40 岁时，才会变得富有和慷慨。但是，他也有可能永远不会成功。到那时，他可能已经具备了结婚的经济条件，并努力、极其挑剔地寻找着结婚的对象。但寻找的过程是漫长而又艰苦的，还会使我们变得世故。时间长了，再美艳的玫瑰都会变得黯然失色。

然而，在这一过程中，我们从没责怪过自己的变化。

如果在年轻时我们遵循情感的指引，现在很可能我们的整个花园都种满了玫瑰，处处都是幸福的爱巢，到处都洋溢着温情和浪漫，感情也会永远坚实稳固。年轻人面临着众多的困惑，婚姻问题只是其中最普遍的。对于人生这个关键的选择，相比于其他事情，他们考虑得更全面，投入的精力更多，耗费的时间也更长。显而易见，这是因为它涉及双方一生的幸福，小至个人，大到家庭。我们不是常听到这样一句话吗：一个男人事业上的成功，在很大程度上，取决于他的妻子。

从某种意义上讲，丈夫的事业受其妻子的影响。比方说，如果妻子没有同情心，对丈夫的志向不感兴趣，这很可能会使丈夫在奋斗的路上遇到困难时信心殆尽，从而期望落空，无功而返。但是，如果她性格开朗、活力十足，并且愿意尽其所能在他们共同前进的路上，帮助丈夫跨过崎岖的地段，那么丈夫会被爱情所激励，并全力以赴。在丈夫的意识里，任何时候，他都有一个人可以依靠，那就是他的妻子。

通常情况下，在结婚伊始，我们都会承认婚姻是一件严肃的事情。但是，这并不是说，在生活中处处都是浪漫。婚姻

必须有其实际的一面，这是我们不得不承认的一个现实因素。婚姻不是一方统治另一方，而是彼此内心了解并知晓双方的兴趣爱好，并努力帮助对方达成心愿。要想使婚姻达到完美，丈夫和妻子必须建立友谊，成为最好的朋友，相互尊重，对未来满怀信心，愉悦地牵手走过一生。

如果拥有这种伙伴关系，那么这个婚姻一定非常完美，夫妻双方一定能共同走过一生。如果夫妻双方缺乏友谊，爱就会飞走，像渐行渐远的越洋飞机上的灯光一样，渐渐暗淡。婚姻是一项长期的合同，但不应该把男人或者女人困住，同时，夫妻双方也不应该懦弱到压根就不想履行合同的程度。在结婚之前，双方都有机会了解这个决定是否理智。在充分了解自己的内心想法后，一个男人需要考虑的所有事情就是选择结婚对象，她一定要懂事、体贴并且健康，至于其他方面的事情，完全可以轻描淡写，一跃而过。

我们不应该自找麻烦。有些人不适合结婚，但他们结婚了，婚姻让他们成了笑柄。但是，不必过于纠结于这个想法，因为婚姻是一个无论怎样都得发生的事情，这个话题与劝导人们"适时结婚"无关。任何一位真正的男子汉，在他的内心里都想拥有一位好妻子，谁也不会想当然地将婚姻一脚踢开。

当然，我们应该在尽可能的范围内，准备好结婚，然后承担起责任。至少我们应该在登机前先买票，因为提供机票是真正的男子汉的职责。婚姻是一个漫长的航程，所以不必买"往返票"。当然，一个人结婚时不一定要家财万贯，但也不应该身无分文。如果蜜月后没几天就缺粮少米，这将是对婚姻生活的一个严峻考验。婚姻初始，就缺乏美好和坚实的感觉，这不亚于一场灾难，这表明在一开始你的领地就岌岌可危。这些对于一个善良的小女人来说，会导致她的痛苦和悲伤。她会发现自己所选择的丈夫，只是一个普通人，一个没有远见的人，婚姻对她而言也无异于是个沉痛的打击。

婚姻生活也有春夏秋冬四季之分。我们度过每个季节，都需要有一个同伴陪着。这个人就是与我们共同生活的那个人。她与我们分享快乐、分担痛苦，在他人都退却时，她依然支撑着我们。当我们凝视着自己的孩子那幸福微笑的脸庞时，我们的内心满怀欣喜，我们会发现他们那柔和的面颊、精致的双手、热情的拥抱像极了他们的母亲。当然，他们的母亲看到那些同样明亮的眼睛时，也会联想到他们的父亲。

第十八章
适时结婚

　　父母对孩子的舐犊之情，是对婚姻中另一方的尊重。当孩子爬上来用胳膊缠住我们的脖子时，就像一缕和煦的春光照亮了整个世界，这是多么美好的日子啊！即使这是婚姻生活中唯一的补偿，也将证明所有的一切都不是徒劳，因为孩子的降临，让家庭的纽带变得更加结实和坚固。对于一个刚开始婚姻生活的年轻人来说，要成为初生婴儿的父亲是一个最重要的考验。但是，生活会让他勇气大增，他将承担起一个新的责任，这将令他坚强起来。不论将来的生活怎样艰辛困苦，他都将义无反顾地走下去。

　　孩子们也会给母亲带来安慰和快乐，陪伴她们度过丈夫外出奔波时的漫长时光。春天时，爱将寂寞和厌倦驱逐出家门，我们大家聚在一起，共同享受这美好的时光，但随着时光流逝，我们会发现自己对生活的愿望日渐增多。为了让孩子在面对纷繁复杂的大千世界时不至于手足无措，我们总是绞尽脑汁、想方设法让孩子们接受良好的教育，事先尽可能设计好他们的未来。我们会发现，对于培养孩子的魅力而言，家庭是最早的、最适宜的也是最重要的场所。秋天的迟暮对我们来说并不可怕，附近依然飘扬着动听的婚礼进行曲，晚辈们还会来探

望我们，青春又一次敲响我们家庭的大门。这样我们将不再惧怕冬天，因为我们已经准备好了，在我们温暖的家庭之路上，总有一支新的队伍补充进来，赶走我们对衰弱和羸弱的顾虑。总之，我们要顺应自然，紧紧握住青春的脉搏，让依旧深思熟虑的人们"适时结婚"。对与那些顺应自然规律，并尊重社会习惯的人来说，世界是美好的，"适时结婚"就是一切美好的源头。

第十九章

笑对人生

在这一章中，我们专门讨论"你"和"我"之间的关系。也许你很想知道，我自己是否是按照文章上面那些想法生活的。的确，我是那样做的，并且很容易就做到了。我的状态很好，身体健康，心情愉快。如果身体不好，我的写作一定会半途而废的。新鲜的空气总是令我陶醉其中，让我情绪高涨。日常工作促使我血液循环加速，让我不再渴望人为的刺激。此外，我总是设法让自己保持忙碌，因为活动才是真正的万能药！但是，这并不全是指体力活动，我还需要读好书丰富自己的大脑。不论是日常工作还是在做其他的事情，都能增加我的知识储备。除此之外，我还需要做的就是关注自己的内心。

　　我们必须怀揣一个信念：脚踏实地地认真工作。如果我们满怀希望，人生的奥秘就不再深不可测。从孩提时代起，我大部分的时间都在阅读莎士比亚的作品，那是完全不同于其他书籍的作品。除了《圣经》以外，没有任何书籍可以和它相提并论。我父亲之所以让我学习莎士比亚的书籍，部分原因是出于对大诗人的热爱，还有部分原因是为了培养我的记忆力。我很小的时候就能背诵莎士比亚著作的内容了，之后随着我年龄的增长，逐渐理解了其中的含义。

　　后来，我成了这位哲学大师热心的追捧者和超级粉丝，在我眼中，他的伟大无人能及。在《哈姆雷特》中，从波洛尼厄斯对他儿子拉厄耳忒斯最后的告别演说中，我们找到了最美的警告语："现在像四百年前一样美好，人们将继续往日的做法，直到时间的尽头。"尽管我们已经非常熟悉这些台词，但是重复朗读还是必须要做的事情，因为这有助于我们理解这些句子中的深刻含义。人性的剖析和挖掘可以跨越时间的长河，不管在任何时候都符合现实。

　　如果我们想贷款"十美元"，现在我们就可以去，不用在意那些繁琐的格言和台词。我们应该聆听每个人的心声，而

不只是说出我们自己的心声；我们应该接受每个人的谴责，但应保留我们自己的判断。无论你需要购买的东西有多么昂贵，但一定要有价值，不花哨。因为这些代表了一个人的品位。人首先要对自己真实，不要欺骗任何人，正如白天黑夜一样，黑白分明，真实明了。

不管怎么样，结束这本书的时间到了，但我们对生活的希望还要继续。很高兴写这本书，希望它能受到大家的喜欢。

也许大家都很忙，大部分时间被用于各种繁杂的事务，但我想大家也会有安静的时刻，那时让我们静静地坐着，审视自己，这也是我从生活中总结出的经验。我相信大家也愿意时刻审视自己，笑对人生。如果我在这本书中的叙述，能够加深大家对幸福的理解，那么我将非常感谢我的幸运之星和我亲爱的朋友——道格拉斯·范朋克。

第二十章
乔治·克里尔（George Creel）
评说道格拉斯·范朋克

道格拉斯·范朋克先生年轻时就具有电影明星的魅力。同样，他的故事也非常传奇，并具有价值。也许任何一个美国人都应该像他那样，但事实上却很少有人能做到。他毫不屈服的乐观精神，能够化腐朽为神奇。

他心地单纯、天性乐观，像每个美国人那样，他的生活也总是丰富多彩的。他拥有着永久不变的咧嘴微笑。我想，如果微笑也有世界纪录，那他一定是纪录的保持者。每一天的每分每秒，我们都会发现他很快乐，从不见他牢骚满腹或满脸忧郁的样子。即便是在谈论他的失败经历时，在他的口中也从未出现过"厄运"这个词语。仿佛希望越渺茫，前景越暗淡，他的笑容就越灿烂。快乐已经成为他的一种习惯，并赋予他勇

气，带给他无穷的能量和坚定的决心。

我们的民族是一个年轻而伟大的民族。在美国，没有什么理想是不可能实现的。然而，在这片土地上，牢骚却比地球上任何国家都多。令人悲伤的是，正是因为牢骚，我们的快乐差点被剥夺。野餐时，我们会发怒；室外宴会上，我们会谩骂；晚餐时，我们会彼此讨厌和拌嘴。面对这样的情况，政府应该聘请道格拉斯·范朋克先生为笑的使者，并到全国各地做旅行演讲，教会大家如何笑，如何摆脱整日的牢骚。

如果在过去的三年中，人们的愤怒和牢骚使得美国的财富增加了410亿美元，那么我们不妨假想一下，要是我们一直是快乐、幽默和乐观的，那样会使财富增加多少呢？道格拉斯·范朋克先生就是一个活生生的例子，他从默默无闻到成名，从贫穷到富有，他的崛起完全是凭借他天生乐观的性格。什么长相英俊，艺术性强？都是胡说八道！道格拉斯·范朋克的容貌连他那极近功利的母亲都不敢恭维，但他的演技，则令那些受布兹和巴雷特影响的戏剧评论家们都深受感动，时常让他们感动得热泪盈眶。

兴趣是最好的老师，正是范朋克对事情百分之百的兴趣，

推动着他走向成功。做事时，他从来不半途而废，永远满怀激情。在他短暂的职业生涯中，他演过莎士比亚戏剧，华尔街职员、水手、流浪汉和商人。1900 年，范朋克在丹佛高中毕业，考上普林斯顿大学。去大学报到的路上，在火车上，他遇到了一个在哈佛上学的青年人。这位青年人在剑桥大学选修了一门特殊课程，通过对这门课程一年的学习，这位青年人在马戏团找到了适合他的工作，并在职位上充分发挥了他的才能。这位青年向剧院推荐了范朋克，并给了他一张著名悲剧作家弗雷得里克·沃特的名片。当沃特先生见到范朋克后，很快就喜欢上了他的微笑，并请他担任"黎塞留河"中弗朗索瓦男仆的角色。范朋克在表演时，活力十足、表情愉悦，表现得相当抢眼，弥补了他经验上的不足。

他的精彩表演，大大震惊了沃特先生。沃特先生称他为极富天资的另类演员。在接下来长达一年的时间里，年轻的道格拉斯·范朋克一直忙于演出。但是，莎士比亚的崇拜者们终于无法忍受他的表演了，提出了抗议，道格拉斯只好接受命运的裁决。5 个月后，这位闪耀的明星在压力下倒下了。正在这个时候，"华尔街上遍地是黄金"的信息传到了范朋克的耳

中，他微笑着来到德科佩和多雷米的办公室，应聘了订货员的工作。范朋克一直都记得，在那间办公室里，应聘时他既高兴又害怕，但他出色地完成了面试。事实上，有些人坚持认为是范朋克发明了科学管理。我曾好奇地问他："科学管理是怎么回事？"他回答我说："就像下面这个样子：每个星期上班的五天里，我都会对我的助手说——'的确如此，就按你想的办。'每个周末，我都会冲到经理的办公室大喊，告诉他工作中的不足，解决问题的方法以及如何提高工作的效率。"对范朋克而言，他填补闲暇时间的方式就是搞些令人烦心的事：翻滚，拳击，摔跤，像青蛙一样跳过椅子，还有其他一些小的庆祝行为。在一定程度上，他把公司的日常工作弄得杂乱无章。

但是，他没有被解雇。在公司紧张不安的时候，杰克比尔兹和小欧文来了，这两名强壮有力的足球运动员加入到了范朋克的队伍中。他们渴望更大的冒险和刺激。三人找到了负责运牛船的官员，坚持说他们有办法与牲畜打交道，因此而得到了干草管理员的工作。范朋克说："我们发现牛真是人类的好朋友，我们说不出它们一点的坏话。"

运牛船到达利物浦后，他们每人得到了 8 先令。接着，他

们流浪着穿越英国、法国和比利时，靠打零工攒够前行的钱。无论是给挖掘机运水，还是给渔船卸载铺路石，他们三个都生活得很欢乐。3个月后，他们乘坐汽船回到家中。回家后，年轻鲁莽的道格拉斯·范朋克犯了法，但他成功地逃脱了。

后来，他在一家工厂找到了一份工作。有一天，他发现自己居然有了50美元的财富，于是他去了古巴和尤卡坦。在不定期的旅行中，他感觉到自己有很长一段时间没有登上舞台了，总觉得缺点什么。于是，他返回家专心写剧本。我曾问出演"普利茅斯镇的玫瑰"的女明星明尼杜普雷："在演出的那段日子里，道格拉斯·范朋克是什么类型的演员？"她谨慎而果断地回答："我认为他是我所知道的最有天赋的舞蹈家。"后来，精力充沛的威廉·A·布雷迪遇到了范朋克，两人一拍即合，在喜悦欢呼中彼此拥抱对方，并成为了好朋友。在接下来的7年里，他们一起书写了戏剧界的传奇。对于范朋克而言，他所演的每个角色都能给观众带来快乐和热情。生活中，他的名字随处可见，已然成为了一个耀眼的明星。同时，他还非常注意维护自己的个人形象，从来不会出现在任何不健康、无震撼力、毫无意义的剧目中。

电影界向范朋克抛出了橄榄枝，并开出了十分优厚的条件，许诺范朋克可以做任何他愿意做的事情。通过互利互惠，电影巨头们得到了他们想要的，同时，道格拉斯·范朋克也得到了自己想要的。他有生以来第一次能够尽情释放自己所有的个性力量，一分钟都没有被浪费。

在影片《羔羊》中，他第一次在镜头前冒险：一条响尾蛇从他身上爬过，与一头美洲狮对抗，用一挺机关枪与一群印第安人作战并打败他们。

在《报纸上的电影》一片中，他需要驾驶一辆汽车越过悬崖，和专业的拳击手进行6轮艰苦的搏斗；他需要在跳上大西洋班轮之后游到远处的海岸上以及与6个爱斯基摩人肉搏；他需要两次飞跃风驰电掣的火车，因反抗穿着警察制服的杰斯威拉兹军队而被逮捕。

在《混血儿》一片中，他到了加州，钻到了卡拉韦拉斯县森林火灾的中心。在烈焰中，他拯救勇敢的警长，使其免于被烧成焦炭。虽然大火烧焦了他的头发和脸，但是等到水疱愈合、头发和睫毛再次长出来后，他还是像原来那样精力充沛。

在《幸福的习惯》一片中，他饰演一位身怀绝技的英雄，

同时与5名歹徒搏斗，并将每个人打倒在地。由于他表演过于卖力，导致手肿了一个多星期，眼睛和鼻子则肿得更为严重。

《大英雄》是一部西部片，里面充满了刺激的镜头。影片中，我们的英雄在崇山峻岭里疾驰，从一座山翻越到另一座山，只身阻止特快列车行进，每隔几分钟就与那些力大无穷的亡命之徒搏斗。范朋克充分演绎了英雄凭借两只拳头所能做到的一切。

《跳跃的鱼的奥秘》一片就是众所周知的《水的电影》。剧中，范朋克作为一名侦探，被迫在黑暗的潜水艇中与日本暴徒和鸦片走私者格斗。他还幽默地说："真希望哪天自己可以长出鳍来。"

在影片《曼哈顿的疯狂》中，范朋克需要沿着水管爬到屋檐上，穿过大门，然后跳进地下城，每隔几分钟就与恶棍们殊死搏斗，杀出一条进入密室的血路。

通常情况下，那些"正统"的明星们，在电影拍摄的过程中，都会回避"暴力行为"。像一些危险动作都由替身来完成，比如摔下悬崖、全速穿越路障、实战肉搏以及从燃烧的大楼屋顶上跳下来等等。但是，范朋克从不用替身，可谓是为数

不多的电影英雄。他自己并不敢做的事情，从不要求别人。他拥有一个强健的身体，几乎擅长每一项竞技体育，例如游泳、拳击、马球、柔道、杂技、赛车等等。他还喜欢即兴表演，他的机智和充满活力的热情总是让他的表演无懈可击。我们常常可以看到这样的场景：他本应该跳入他爱人冲他招手的那个窗口，但是，在他爬上台阶的瞬间，他的眼睛瞥见了门廊栏杆、窗台、阳台，他突然就像猫儿一样蹿上了屋顶。在另一个电影中，他被困在了一间小屋的屋顶上。他无视编剧的撤退计划，突然疯狂地跳到了附近的一棵枫树上，并抓住一个树枝，溜到了地面上。他的天赋总是令人震撼，同时也让导演无计可施、无可奈何。

影片《混血儿》中的一些打斗动作要在一棵红木上拍摄，它高达 20 英尺，直插云霄。导演冲范朋克喊道："道格，爬到那些树的顶上去。"可是，范朋克却直奔一棵在红木根部长着的桦树，然后像弓箭手一样，把树枝弄弯到地面，然后一跃而起，让结实的桦树将他弹射到最高处。他笑道："你现在让我怎么办呢？"导演大笑着回答："以同样的方式回来。"

也许，大部分的"正统"演员认为这些电影的拍摄过程

相当乏味。正如一个人用极度失望的语调跟我说："对于一个小伙子而言，没有什么事情是不能去做的。比如在那些远离文明的山洞里拍电影，没有酒店，没有人陪伴，没有浴缸……"但是，道格拉斯·范朋克从来没有这样的抱怨。当没有任何娱乐的时候，他会挖掘每个人身上都具备的幽默感。他们在北加州的卡圭尼兹森林拍摄《混血儿》时，在大部分情况下，当他拍完电影后，双手都在出血，衣服也肮脏不堪、破烂不已。有一天，导演看到道格拉斯·范朋克的衣柜空空如也，就问他："你又在搞什么恶作剧？"而他只是如实地还原生活，尽最大可能地贴近真实，这让他透彻地了解土地、森林和溪流。以同样的方式，他使《大英雄》传递了前沿生活所包含的所有价值。这部电影是在莫哈韦沙漠中拍摄的，有一段时间，大家对恶劣的条件烦躁不安，但当他们看到道格拉斯·范朋克没有要求任何替身，兢兢业业，一板一眼地带着笑容翻跟斗时，他们都发自肺腑地尊敬他，并受到了深深的感动和鼓舞。

范朋克从一个人那里学会了驯服野马，从另外一个人那里学会了捆绳，又从其他人那里学会了一切有关马、牛、山区和平原的知识，听到了历史中永远都找不到的故事。如果拍摄

某个电影需要柔道技术，他决不会满足于自己的初级水平，一有空闲时间便会与日本专家切磋，争取在每一个环节上完善自己。他还以同样的方式练拳击，并和人比赛，从来不会空手而归，也不介意自己被打成黑眼圈。他的这个习惯，一直坚持到现在。每当电影中有打斗情节时，导演不得不聘请专业人士，以适应范朋克的专业水准。在拍摄电影《水》时，范朋克要驾驶双翼飞机，并与飞行员成为好朋友。到电影杀青时，他俨然已经成为一名专业飞行员。

无论何时何地，从事何种工作，范朋克总能发现一些有趣的东西，因为他相信，生命的每一分钟都是为生活而安排的。他在一个十字路口等车时，利用10分钟记住了运营商的名字，并学习了莫尔斯电码。他的这种令人可敬的品质让人折服。人们喜欢他，因为他喜欢大家。他对人对物都感兴趣，所以他能吸引别人对他的兴趣。

三角电影公司的总裁H. E. 艾特肯对我说："屏幕是我们亲密的朋友，将演员带到您的眼前。在舞台戏中，化妆师和灯光师会巧妙地遮掩演员的缺点，但在电影中，任何一个表情变化都不会被遗漏。这是一个真实性的考验，它需要一个真正的

男人或女人来忍受。艺术不是重要的事情，容貌也不像人们想象的那样重要，真正重要的是艺术背后的内涵，这是使电影获得成功的关键之处。如果观众观看电影什么也没得到，那么艺术家和容貌美都不会长久。我们认为，道格拉斯·范朋克作为一个影星，吸引人的并不是他惊人的演技，而是他身上流露出的非凡的人格魅力。"

当道格拉斯·范朋克先生不演戏时，他会与儿童一起玩耍，坐飞艇或汽车，结识流浪汉和捕猎者，或是骑马或是用绳子练习绝技。在他年轻的时候，还利用业余时间写剧本。众所周知，那些老舞台剧、小说的改编，或者是陈词滥调的中等创作，都是电影剧本中廉价的东西。然而，年轻的道格拉斯·范朋克从一开始就不同意常规习俗，他宣称："我们必须凭借自己的脚站稳，培养我们自己的剧作家！"事实上，他出演的每一部戏都有他个人的建议在里面，很多剧作都是他与剧作家通力合作完成的。道格拉斯·范朋克对电影的要求有三点：动作、健康和真实的情感。

道格拉斯·范朋克的内心和身体一样坚强，并充满活力。他爱好读书和思考，在他微笑的背后是热心、同情以及对生活

的展望。他坚持"幸福的生活习惯"的观点，他抓住机会在书中展示了亚社会层面，贫民窟的苦难以及各种形式的社会不公正现象。但是，这并不是说明范朋克认为自己不需要提升和改变，而是如他说的那样——"哪怕是一小步的改变也会有所帮助。"

在我和他的最后一次谈话中，他还热心地关注着电影的未来。他宣称："电影就像音乐，可以从一个国家传播到另外一个国家。但是，为什么爱情、仇恨、悲伤、雄心和笑声却做不到呢？世界各国人民都知道，在你了解他人以后很难再去痛恨他们。电影能让我们了解对方，化解两国之间因猜忌和战争而引发的冷酷分歧。"我们讨论了许多事情，从平常小事到电影中的大事，然后，我把一开始就准备好的问题抛给他："跟舞台剧相比，你是怎么看待电影的？当夜幕降临、华灯初上时，你会不会时不时地感到迟疑不安？"他回答说："这二者间有很大的区别，剧院中的剧目大部分都是哑剧，只有在哑剧无法展示出实际情节时，才会采用对话的形式。当然，这并不是说，我后悔演了那些没有对话的电影。"

他还说："不过，我很难过，因为电影缺乏了与观众的互

动。我指的不是掌声，而是观众的眼神。这很重要。它能立即告诉你是成功了还是失败了，你的声音听起来是自然还是做作。不用装腔作势地配音，与之相反，演员都在表演自己的角色，还有各种各样的动作。在电影里，你找不到这些，你的观众就是导演。第一天你在森林里，第二天可能就在沙漠中，第三天或许就在海上了。"

"太夸张了！"我叫道，"我知道这一切都是在工作室里进行的。""我自己想出的点子。"他笑着说，"但仅此而已。在制作'有声电影'时，我经常有很多现实主义的东西。父亲必须在一个盛满真实的水的盆中，用真正的肥皂洗东西；在每一个打谷场上，至少要有两只母鸡；当洛蒂回家时，她不得不在怀中抱着一个真正的孩子。老天爷呀，我从来就不知道什么是现实主义，直到我看到了电影。观众已经疯狂地迷上了它。《混血儿》改编自布莱特哈特的故事，除了美国加州北部卡圭尼兹森林之旅以外，导演并没有做什么。其中有一个森林火灾的场景，之前对于此我并没有想太多，直到我看到工作人员为了防止火势蔓延，购买了一些化学药品和消防卷盘，并请来了消防大队，我才真正明白了这是一场火灾。逃离火灾之后，我

感觉自己像被一个墨西哥理发师剃了胡须。"

接着，我提出了我的下一个问题：电影会对话剧有什么样的影响呢？"看看它已经产生的影响吧。"他说，"肖是唯一的剧作家，他聪明绝顶，能写出很好的对白，把很多人都吸引入剧院。但是，电影满足了公众看动作的需求，却彻底地改变了情节和戏剧的进展。"我又问道："你认为这是一件好事？难道这不意味着是对感觉思维的替代吗？""是的。"他慢慢地回答，"世界走进你的心，而不是进入你的大脑。在我看来，幸福是情感上的，而不是精神上的。电影把幸福带到了数百万人身边，而他们之前的生活是单调的、色彩暗淡的。我喜欢去那些偏远地区的小会堂，看着男人、妇女和儿童在晚上聚在一起看电影。然而，在此之前，剧团从未到过村庄，男人们只能待在大厅里，无所事事；女人们除了厨房和阳台外也无处可去。是电影把世界带到了他们的门前，从此，他们的生活变得更丰富、更愉快、更美好。"

从道格拉斯·范朋克的立场看，他是最接近"真实的生活"的演员。像他这样的男人总会赢得人们的喜爱以及孩子们的崇拜。在他最近回家乡丹佛的访问中，年轻人纷纷成群结

队地跟在他身后，并大喊要找机会感受他的力量。市长依旧让他发表公众演讲，而演讲的主题则是来自画廊管道的慰问："嘿，道格，你能鞭打威廉·法纳姆，不让暴力肆行。"这是一个好现象，一个健康的标志，象征着美利坚民族的血液仍然激情流淌，我们的骨头没有软化。